铜尾矿
废水中微生物分布格局及适应机制研究

刘晋仙 著

中国农业出版社
北　京

图书在版编目（CIP）数据

铜尾矿废水中微生物分布格局及适应机制研究 / 刘晋仙著. -- 北京 : 中国农业出版社，2024. 11.
ISBN 978-7-109-32757-3

Ⅰ. X703

中国国家版本馆CIP数据核字第20241YG343号

中国农业出版社出版
地址：北京市朝阳区麦子店街18号楼
邮编：100125
责任编辑：程　燕　　文字编辑：银　雪
版式设计：杨　婧　　责任校对：吴丽婷　　责任印制：王　宏
印刷：中农印务有限公司
版次：2024年11月第1版
印次：2024年11月北京第1次印刷
发行：新华书店北京发行所
开本：700mm × 1000mm　1/16
印张：12.75
字数：200千字
定价：85.00元

前　言

Foreword

有色金属开采和冶炼产生的尾矿废水中含有多种有机和无机污染物以及多种重金属，对生态系统及生物多样性产生了重要影响，导致生态系统功能受损和退化。微生物是生态系统地球物质化学循环的驱动者，其分布模式体现了生态系统的健康状况，而功能适应是微生物群落对环境变化或胁迫的应对机制。微生物对环境污染的响应和适应，致使特定功能类群的结构和组成发生改变，驱动了微生物群落结构和多样性的构建。因此，污染生境中微生物群落的分布格局可反映出环境的污染程度，是环境健康的重要指标。本书通过分析污染梯度对微生物群落结构和功能影响的生态效应，筛选出了影响不同群落时空动态的关键胁迫因子，并分析了环境因子、空间距离和种间关系对群落格局多样性的影响程度，为揭示微生物群落多样性维持和适应机制提供了新的理论依据。

本书采用分子生态学的理论与方法，对位于山西省运城市垣曲县中条山铜基地的十八河铜尾矿碱性废水（AlkMD）中的细菌、真菌和反硝化菌群落的物种多样性、时空动态以及对环境变化的响应机制开展系统研究。旨在回答以下科学问题：①细菌和真菌群落沿污染梯度如何分布？哪些因素驱动了这种分布格局？②反硝化微生物群落沿污染梯度是如何分布的？其影响因素主要有哪些？③微生物群落的分布格局和功能适应对环境变化的响应是否具有一致性？④在污染生境中驱动微生物群落结构和多样性构建的机制是什么？本书共分为8部分。第1部分介绍了研究背景和国内外对尾矿废水中微生物的研究进展；第2部分研究了尾矿废水中细菌群落的季节动态和影响因素；第3部分研究了尾矿废水中细菌群落的空间格局和影响因素；第4部分研究了尾矿废水中真菌群落的季节动态和影响因素；第5部分研究了尾矿废水中真菌群落的空间格局和影响因素；第6部分研究了尾矿废水中反硝化细菌群落的季节动态和影响因素；第7部分研究了尾矿废水中反硝化细菌群落的空间格局和影响因素；第8部分介绍了研究结论和展望。

本书内容主要包括了笔者在攻读博士学位期间的研究成果。在此感谢我的博士生导师柴宝峰教授的悉心指导，是我进入微生物生态学研究的领路人，为我今后的科研道路奠定了基础，指明了方向。感谢山西大学黄土高原研究所领导和各位老师提供的帮助。感谢课题组贾彤教授以及景炬辉、赵鹏宇、曹苗文、马转转、王雪、暴家兵等师弟师妹的帮助。感谢忻州师范学院地理系罗证明副教授的帮助和关心。对为本书的出版付出辛勤劳动的中国农业出版社的程燕、杨婧、吴丽婷、王宏、银雪等同志表示诚挚的谢意。

最后，本书的研究及出版得到了国家自然科学基金区域联合基金重点项目（U23A20157），山西省重点科技合作项目（202304041101020），山西省中央指导专项项目（YDZJSX2022B001）的联合资助。由于笔者水平和能力有限，本书不当或错漏之处，敬请同行专家和读者批评指正。

刘晋仙

2024年11月

目 录
Contents

1 绪论

1.1 尾矿废弃物对生态系统的影响

采矿业虽然推动了经济发展，但是在矿山开采、矿石冶炼和矿物加工过程中产生了大量的废弃物（包括废水、废气和废渣）。在全球范围内每年有大量的金属矿山废弃物产生，欧洲约4.7亿t、澳大利亚约1.75亿t、美国约2亿t，南非约2.5万hm^2的土地被用来堆放尾矿废弃物。在我国每年有5亿t的尾矿废弃物产生，需占地2 000 hm^2，全球每年产生的矿山固体废弃物多达20亿～25亿t[1]。这些矿山废弃物含有多种重金属和其他污染物，由于过量的重金属对生物具有毒害作用且很难去除，因此对尾矿区的生态修复和治理是世界性难题，往往需要数十年甚至上百年的时间去消除污染[2]。在采矿、选矿和冶炼过程中产生的废水含有悬浮的固体和溶解的污染物，如酸、盐、重金属和有机悬浮剂，这些污染物如果渗入溪流、湖泊和地下蓄水层，将对水体造成严重污染，从而影响水体生物[2]，最终对人体健康造成威胁。矿山废水对环境影响大、破坏力强，其特征是极端的pH[3]和高浓度的金属离子、硝酸盐和硫酸盐含量，代表了生命的极端生境。

矿石类型多样化、选矿工艺和流程各异、使用的药剂种类多样[4]，造就了尾矿成分的复杂和多变性。尾矿库有其独特的物理、化学和生物特性，多数重金属离子与有机试剂螯合形成络合物，有些尾矿废水中除了含有重金属外，还含有炸药爆炸和氰化物堆浸液产生的氮化合物如硝酸盐、亚硝酸盐、氨等，以及多种化学添加剂[5]，因此在尾矿库中发生着复杂的生物地球化学过程。尾矿废水中含有对生态环境有严重影响的重金属离子和其他有害化学成分，由于废水较废渣更容易渗漏和迁移，会对矿区周围的土地、农田、植被等地表甚至地下水造成污染，尾矿废水的污染范围往往是其占地面积的几十倍[6]，因此修复难度更大。

1.2 铜尾矿的特点

根据美国地质调查局公布的《2024年矿产商品摘要》（*Mineral Commodity Summaries 2024*）统计数据显示，目前已探明的世界铜矿资源约为8.8亿t，2024年全球铜产量预计将达到2 300万t[7]。矿产资源开采的同时也造成大量尾矿，矿石在加工冶炼的过程中产生的尾矿占到原矿石总量的70%～95%[8]，有些低品位的铜矿生产1 t铜通常需要超过150 t的矿石[9]。这些尾矿的产生，对周围环境影响严重[10-12]。

铜工业是我国重要的国民经济产业[13]，截至2022年底已探明的铜储量约0.34亿t，2023年产铜量157.3万t[14]。每年我国产生的矿山废水占全国工业废水的10%以上，由于污水处理成本高且处理难度大，因此有大量的废水流入江河湖海，造成农田、植被和水体生物的严重污染[15]。

铜尾矿是由铜矿石经粉碎、精选后所剩下的细粉砂粒和选矿及矿井废水形成的浑浊浆液组成。这些尾矿少量用于填充旧矿井，大多数则储存于尾矿库中，堆置的尾矿不仅占用了大量土地，而且覆盖了原有的植被，使生态系统遭到破坏。尾矿砂因其特殊的理化性质，重金属含量高、营养匮乏[5]，植物很难在尾矿上自然生长定植[16]。植被重建是对尾矿污染环境治理的最好方式，在植被重建过程中，提高土壤养分、降低有毒物质浓度、筛选耐性植物品种这些过程都与微生物群落结构和功能紧密相关。因此对尾矿区治理的关键在于基质的改良、耐性物种的选择以及对微生物群落结构和功能的了解。虽然酸性或碱性尾矿废水和尾矿废弃地中的环境条件异常苛刻，但是仍然有种类丰富的微生物类群在这里繁衍生息，并在改善环境中扮演重要角色，因此尾矿的极端环境是研究微生物群落分布格局和适应机制的理想场所。

1.2.1 铜尾矿废弃地

尾矿砂覆盖的废弃地土壤营养贫瘠、富含重金属，易在风蚀和水蚀的作用下扩散，可污染周边数万公顷的耕地，而复垦的尾矿废弃地仅10%[17]，严重危害人类健康和生态安全。景炬辉等[18]对山西中条山十八河铜尾矿库坝面地上植被以及土壤微生物的研究发现，在不同子坝上植被的组成、多样性和盖度，土壤酶活性、微生物群落的结构和动态以及土壤养分组成差异显著。新堆积的子坝上几乎寸草不生，恢复45年的子坝上主要生长有禾本科植物。铜尾矿砂覆盖的土地是一种典型的原生裸地，由于颗粒细小、结构松散、保水力差、营养低下、重金属含量高，在这样的生境中从微生物定殖到地衣结皮再到植被生长是一个漫长的过程。微生物无处不在，在多种极端环境下均可发现微生物的足迹，如海底热泉[19]、极地冰川[20]、火山岩浆[21]以及尾矿废水和废渣中[22-24]。这些微生物能在极端环境中生存，说明它们具有适应其生境的特性和能力，因此微生物修复是矿区生态恢复的重要组成部分。

1.2.2 铜尾矿废水

尾矿废水主要来源于地下矿井水、湿法冶炼过程中的浮选水，以及尾矿渣的淋溶水和浸出水。多数金属矿山的尾矿水是酸性废水，其中铜矿的开采活动是酸性废水的重要来源。我国几个主要的铜基地排出的尾矿废水均是酸性的，如江西德兴铜矿[25]、安徽铜陵铜矿[26]、湖北大冶铜矿[27]、山西中条山铜矿[28]、云南东川铜矿[29]以及甘肃白银铜矿[30]，但是目前中条山铜矿的尾矿废水中由于人工加入化学碱性物质（碱石灰等）已变为碱性[5, 24]。尾矿废水对环境的污染强度取决于它的组成成分和pH的高低。由于有毒重金属和硫酸盐的含量高，尾矿废水造成了严重的环境污染[31]，是全球最重要的水污染形式之一。美国环境保护署认为尾矿废水污染是仅次于全球变暖和臭氧层破坏的第二大生态问题[32]。尾矿废水是一种多因素的污染源，对环境的影响是多方面的，在物理、化学、生物和生态等方面均有影响，造成的结果就是食物链和生态系统快速崩溃，陆地和水生生境中有机体死亡，最终结果就是对生境不可逆转的破坏[32]。

矿山废水中的有毒物质可污染土壤、地表以及地下水，并引起周边生物多样性降低。尾矿废水中重金属污染物对人和动物的危害主要存在两个方面：首先，重金属在自然生态系统中不易去除，能长期存在；其次，重金属会在生物链上连续积累，即使是微量的有毒物质，也有可能在整个食物链中诱发严重的氧化应激反应，从而引起急性和慢性疾病。重金属毒性是通过破坏生物的代谢功能体现的，主要通过两种途径：①重金属在动物以及人类的心脏、大脑、肾脏、骨骼、肝脏等重要器官和腺体中积累，使其正常功能遭到破坏或损伤；②重金属可抑制营养物质的吸收和转化，从而阻碍了它们的生物学功能。重金属镉、铜、铅和锌是人们特别关注的金属，因为它们对水生生物的毒性非常大。这些金属的浓度一旦超过阈值，可以直接杀死有机体，而长期暴露在低浓度下也可能导致死亡或产生非致命的影响，如发育迟缓、繁殖减少、畸形或病变等。pH对水生生物也很重要，可影响水生生物的正常生理功能，包括呼吸和营养吸收[33]。酸性尾矿废水（AMD）被氢氧化物中和形成碱性尾矿废水（AlkMD），在此过程中形成的沉淀由于颗粒细小，容易沉积和嵌入河流、溪流或海洋的河床上[34]。因此，那些河流和海洋中的底栖生物因不能取食，从而灭绝，这样就会影响整个水生食物链。所以说即使尾矿废水中的酸被中和，重金属被沉淀，但是尾矿废水对人类和其他生物影响的间接效应仍然明显[35]。

1.3 铜尾矿废水中的微生物群落

微生物是世界上种类最多、分布最广、适应性最强的生物。微生物是许多生态系统中生物物质的来源和生化活动的主要参与者，其中包括许多最具化学敏感性的生物类群[36]。尽管尾矿废水的环境极其恶劣，但是仍然有多种微生物在这样的生境中存活，并在水质净化和生态环境恢复过程中扮演重要角色。微生物群落的多样性格局，即在遗传、生理、物种以及生态方面的多样性可以反映出环境的污染程度。基因水平上的分布差异指遗传多样性格局；生理结构和生理功能的差异指生理多样性格局；生物系统分类、物种构成和物种数量指物种多样性格局；生物群落的生态结构以及生态功能指生态多样性格局，其中生态结构多样性包括生境分布广泛性以及种群、群落结构的多样性，生态功能多样性主要指生物与生物以及生物与非生物因子的关系[37]。微生物群落结构多样性和功能多样性在一定程度上反映了其生境的质量，因此，研究尾矿废水生态学的一个重要方面就是对其中的微生物群落多样性和适应机制的研究。

1.3.1 细菌群落

细菌群落是水体中重要的生物组分，也是生态系统中最活跃的部分，它们在有机质降解和重金属减毒方面发挥重要的作用。不同细菌类群对环境变化响应的强度不同，敏感类群的反应更快更强，这些类群主要在低浓度污染区域存在[36]，因此，细菌群落被认为是最敏感的水质生物学指标[24]，可反映出环境的污染强度。细菌群落介导许多对生态系统功能至关重要的生物地球化学过程，是环境变化和由此产生的生态系统响应的中间体[36, 38]。一个生态系统的修复依赖于微生物的存在，这些微生物被认为能够改变重金属的种类和生物可利用性。尾矿废水中具有高浓度的重金属和极端的pH水平，一般被认为，在这样的废水中细菌、古生菌、病毒和真核生物的生物多样性较低[39-41]。然而，在这样一个相对均一、稳定的环境中，适应该生境的细菌会逐渐繁殖增多。例如，以铁和硫为底物进行新陈代谢的氧化硫硫杆菌（*Thiobacillus thiooxidans*）、氧化亚铁硫杆菌（*T. ferrooxidans*）、氧化亚铁钩端螺旋菌（*Leptospirillum ferrooxidans*）和排硫硫杆菌（*T. thioparus*）[39, 40, 42-45]，这些细菌可以很好地存活和繁殖[41]。事实上，酸性[23, 41, 42, 46-49]或碱性[22, 24]尾矿废水均具有相对较高的细菌群落多样性，变形菌门（Proteobacteria）、绿弯菌门（Chloroflexi）、绿菌门（Chlorobi）、厚壁菌门（Firmicutes）、放线菌门（Actinobacteria）、浮霉菌门（Planctomycetes）、酸杆菌门（Acidobacteria）、拟杆菌门（Bacteroidetes）、疣微菌门（Verrucomicrobia）和芽单胞菌门（Gemmatimonadetes）都是常见的细菌类群。许多研究表明，这些微生物类群对环境扰动变化明显，会受到温度、离子强度、pH等变化的影响[28, 38]。重金属是尾矿废水中的重要组分，重金属等有毒污染物对环境中的细菌群落结构（如多样性和群落平衡）有显著影响[50]。重金属对细菌群落影响产生的生态效应表现在两个方面：一方面，重金属会降低细菌群落的生物量、代谢活性、数量和多样性；另一方面，因为重金属的选择和细菌群落的适应性反应，没有被筛选掉的细菌群落可通过代谢过程和生物合成产物（酶），对污染环境进行修复。

细菌群落物种丰富、代谢类型多样、可利用资源广泛，参与环境中几乎所有物质的降解和转化。细菌群落世代周期短，对环境有较强的适应能力，在尾矿废水以及污染区域均能很好地存活。在极端的酸性、含高浓度的硫酸盐和有毒重金属的尾矿废水中，其中的细菌群落可以形成一个以化学物质为基础的生物圈。与其他生态系统相比，尾矿废水生境由于其生物和地球化学上的简单性，具有作为生物与地球化学相互作用和反馈以及微生物群落结构和功能分析的理想模型系统[39]。细菌群落对极端环境的耐受力和适应性水平与基因水平转移有密切的联系，那些抗性功能基因可能在生物体之间转移[51]；另一个导致细菌群落产生抗性和弹性的因素是细菌群落的世代时间短，它们能够快速进化以适应新环境。细菌群落高度的物种多样性也是能够很好适应极端环境的一个重要因素，因为多样性高意味功能冗余。也就是说，多样性越高的细菌群落具有相同或相似基因或功能的物种越多，从而能够增强群落的抗干扰能力。如果一个细菌群落的抵抗力、恢复力和功能冗余较小，那么环境污染对群落结构和功能的影响可能是重大且不可逆转的[36]。在这种情况下，受影响的细菌类群将更多的能量资源分配到与生存相关的机制上，那么细菌群落的生长和繁殖就会受到影响，这将显著影响生态系统中的能量和营养循环，最终环境污染导致整个生态系统的功能受到影响和破坏。然而，细菌群落也可以通过调节功能来应对生物体数量的减少，从而能够在特定的环境中通过增加功能相似性来实现群落稳定，从而显示出功能冗余。这种现象之所以成为可能，是因为微生物群落由许多不同的生物体组成，比任何其他群落的个体数都要多，而且许多生物体个体可以同时执行多个关键的生物地球化学循环步骤。在极端环境下，尽管细菌群落结构发生了变化，然而功能冗余为其群落提供了保持功能稳定的可能性[52]。

1.3.2 真菌群落

真菌群落在生态系统中发挥不可替代的作用，不同类群具有不同的生活策略，包括腐生、共生和寄生。真菌类群主要是有氧的异养生物，在各种环境中作为有机物质的分解者，具有重要的地位[53]。真菌群落的生态、生物和形态具有可塑性，使其对多种环境能够很好地适应。例如，一些真菌可以根据理化条件的变化，快速从一种生长形式转换到另一种生长形式。在养分充足的环境中采用单细胞生长，而在食物匮乏的生境中就会转向分生生长，形成菌丝体，从而更好地适应环境。因此，真菌能够生长在几乎所有类型的生境中，当然也包括多种极端环境。在特殊环境下生长的真菌群落与环境长期地相互作用，通过生态拟合可能产生具有特殊结构和生理意义的次生代谢产物来适应环境[54]。

有些真菌类群由于其生态可塑性，广泛分布在多种极端的环境中[55]，具有较高的耐受力。那些适应性较强的真菌类群，对重金属污染[56]生境也能较好地适应。在尾矿废弃地[57]和尾矿废水[58]等重金属含量较高的环境中，真菌群落采用多种方式来适应环境的选择压力，同时在生态系统恢复过程中发挥重要作用。对重金属有耐受性的真菌主要有：根霉菌属（*Rhicopus*）、鲁氏毛霉菌（*Mucor rouxii*）、曲霉菌属（*Aspergillus*）、木霉菌属（*Trichoderma*）、白腐菌（*Phanerochaete chrysosporium*），以及担子菌门（Basidiomycota）[59]等。研究表明这几个类群对重金属Pb、Zn、Cd、Cr、Ni和Cu具有较好的吸附能力[60]，Ferreira Verónica等[58]对铀尾矿废水中的真菌群落研究发现，*Tricladium splendens*和*Vancosporium elodeae*这两种真菌对重金属有很好的耐受性，表明这些类群可作为重金属污染区域生态恢复的理想菌种。

真菌群落在尾矿废水中是丰富而重要的[39]，尾矿废水中真菌群落主要是丝状真菌类群，这些真菌的菌丝在重金属胁迫下，分泌草酸的能力增强，这些有机物质能够对金属离子进行螯合和沉淀，从而降低了重金属离子的生物有效性。真菌的细胞壁对重金属也有一定的吸附能力，真菌细胞壁主要包括：葡聚糖、几丁质、甘露聚糖和蛋白质，也包括其他的多糖类、脂质和多种色素，这些组分均含有多个不同的负电荷基团，因此能够吸附带正电荷的重金属离子形成络合物，从而降低重金属的毒性。所以说真菌群落在重金属污染修复过程中具有重要的作用。

尾矿废水具有极端的pH，真菌群落对pH变化敏感[61]，极端的pH可能导致蛋白质结构发生不可逆的损伤，真菌群落能在这样的环境下存活，说明其具有适应该环境的机制。真菌群落对环境的适应包括形态和生理的适应。在形态方面，尾矿废水中的真菌类群多数是丝状真菌，真菌菌丝是生物膜的主要组成部分，为其他微生物的附着提供了有利的屏障[62, 63]，从而与其他生物类群形成互利共生体来适应极端环境。在生理方面：其一，真菌类群能够产生多种酶从不同物质中获得能量，Selbmann Laura等[55]对酸性环境下的真菌菌株研究发现，真菌合成的酸性活性酶，例如淀粉酶或脂肪酶，是保证其在酸性环境下成功定殖的关键，他们发现这些真菌也能够代谢酚类化合物，说明这些真菌类群是开发生物修复的良好候选者；其二，真菌细胞壁表面含有的带负电荷的官能团与金属离子结合后，可有效防止重金属离子进入细胞内部[64]。

真菌群落不仅能在极端情况下存活，而且采用不同的机制来繁殖增长[55]。在极端环境中，真菌主要通过有丝分裂的生活方式进行繁殖，因此即使是孤立的小种群也可以独立地繁殖并实现遗传多样化[55]，这在很大程度上是遗传漂变的结果，由于缺乏种间的基因流动，因此能快速修复小种群中所有的等位基因，这是对极端环境快速适应的最佳方式[65]。

1.3.3 反硝化微生物群落

了解群落结构、生态功能和环境条件之间的关系是微生物生态学研究的基础[66]。微生物在地球上几乎所有生态系统中的功能都至关重要[67]，但是我们对它们的不同类群在不同生态系统中行使的生态功能还知之甚少。微生物群落对环境的适应实质上是功能的适应，功能类群的分布格局是整个群落对环境变化适应的外在表现形式[24, 41]，因此关键的功能基因的变化可用于预测环境的污染程度和生态系统的功能[68]。了解污染物对微生物群落的影响，并预测不同功能类群对环境变化的响应机制，是生态学和环境科学研究的重要课题。在不同环境中，功能基因组成和丰度的变化可代表功能类群对环境变化的响应强度和适应机制[41, 68, 69]。高通量测序技术可以充分地描述微生物群落组成的变化，并将这些结构变化与基因表达的改变联系起来，建立了功能多样性与结构多样性关系的桥梁[70]。微生物群落的功能多样性格局是其对环境适应的主要表现形式。

在尾矿废水中存在的大量有机碳、硝态氮和硫酸盐等物质也是重要的污染物，尤其在本研究区域的废水中氮污染严重[24]。尾矿废水中氮的污染主要来自矿山开采过程中炸药的使用、选矿过程中含氮药物的使用以及雨水对周边土壤的冲刷和淋溶。废水中过量的氮主要是通过微生物的反硝化过程去除，反硝化过程也是微生物在氮污染生境中获得能量的重要途径。反硝化作用是一个重要的微生物过程，在这个过程中，硝酸盐（NO_3^-）最终被还原为氮气（N_2）[71]，从而溶解的过量氮被去除[72]。完整的反硝化过程包括由不同还原酶催化的4个连续的生化反应过程（$NO_3^- \rightarrow NO_2^- \rightarrow NO \rightarrow N_2O \rightarrow N_2$）。不同的反硝化过程由不同的反硝化微生物类群承担，且各自的作用大小不同。

硝酸盐被还原为亚硝酸盐的反应多发生在含有硝酸盐的缺氧环境中，包括土壤、水体、海洋沉积物和人类胃肠道中[72]。这些反应通过硝酸还原酶（NAR，NAP）催化完成[73]，许多反硝化细菌都含有*narG*和*napA*基因，因此只要有硝酸盐底物存在，那么反硝化过程的第一步就会顺利进行[74]。同样，许多微生物如变形菌和拟杆菌等都能将亚硝酸盐还原为一氧化氮[75]。这些微生物在很多环境中都能被发现，如在土壤、水体、湿地和海洋以及湖泊沉积物中[76]。亚硝酸盐还原为一氧化氮的过程由*nirS*基因编码的cd1型亚硝酸盐还原酶（cd1-nir）和由*nirK*基因编码的含铜亚硝酸盐还原酶（Cu-nir）催化完成。这两种酶在细菌类群中普遍存在[24, 76, 77]，它们都存在于外周质细胞内，也可以一起出现在同一个微生物内，如*Rhodothermus marinus*[78]。编码亚硝酸盐还原酶的基因（*nirS*和*nirK*）常被用作基因标记来研究环境中的反硝化菌[79]。除了以上两种，也存在其他亚硝酸盐还原酶，如一些不包含*nirS*和*nirK*基因的厌氧氨氧化细菌也可以将亚硝酸盐还原为一氧化氮。

反硝化过程中的中间产物——一氧化氮是一种有毒气体，该气体通过微生物还原形成一氧化二氮，而一氧化二氮具有较强的破坏臭氧层的能量，是一种温室气体，其温室效应的强度是二氧化碳的310倍[72]。一氧化氮还原酶（NOR）包括多种类型，主要分为三大类：黄铜-二铁一氧化氮还原酶（norVW）；真核微生物线粒体中的细胞色素P450一氧化氮还原酶（p450nor）；血红素铜氧化酶（包括含红细胞色素（cnorB）、含对苯二酚（norZ）以及含铜和对苯二酚（Cu-anor）的一氧化氮还原酶[80]。能够编码一氧化氮还原酶的基因（*norZ*、*cnorB*等）存在于反硝化细菌和假单胞菌属等微生物中。有些微生物类群如绿叶假单胞菌并不能完成整个反硝化过程，N_2O就是最终产物[81]。如果产生的N_2O气体不能被微生物全部还原为N_2，那么就会有N_2O气体排放到空气中。含有能够编码一氧化二氮还原酶基因（*nosZ*）的微生物类群，可以把N_2O气体还原为N_2，是减少这种强大温室气体排放的主要途径。多种微生物类群包括变形菌门、拟杆菌门、绿菌门的多种细菌[82]以及一些古生菌都能合成一氧化二氮还原酶[83]。一些真核生物，如少数原生动物也可以减少一氧化二氮的产生和积累，但是它们的酶机制目前还不清楚[84]。一氧化二氮还原酶对O_2、pH以及硫化物的变化比其他氮化合物还原酶更敏感[85]。基于这种敏感性，一氧化二氮向环境中排放量的多少，主要由那些完全反硝化菌体内一氧化二氮还原酶的活性决定[72]。此外，那些只能将亚硝酸盐还原为一氧化二氮，或者将一氧化二氮还原为氮气的不完全反硝化菌，由于它们分布范围的不同，在多种生境中也会导致一氧化二氮的积累和排放[72]。

在结构上不同的群落往往在功能上也是不同的[86]，一个群落的多样性与初级生产力、能量流和各种各样的生态过程紧密相连，如污染环境的修复和生物地球化学循环。鉴于从功能上更能直接反映出微生物群落对环境变化的响应机制，因此从功能类群变化的角度探讨尾矿废水中微生物群落沿污染梯度的变化趋势，可以揭示出微生物群落对环境变化响应的内在机理。

1.4 研究内容

为了探究中条山十八河铜尾矿库碱性废水（AlkMD）中微生物群落的组成和多样性格局，以及对环境梯度的响应机制，本研究运用分子生物学技术（如DGGE、荧光定量、高通量测序等）同时结合理化参数分析（废水中理化参数的测定、重金属含量的测定），对不同季节、不同采样点的微生物群落进行了如下分析。

（1）细菌群落的多样性时空格局和适应机制研究。利用高通量测序技术、荧光定量技术和DGGE技术分析尾矿废水在不同采样时间、不同采样位置细菌群落的多样性组成和分布格局变化趋势，并分析水体理化性质与群落多样性和分布格局的关系，探讨影响细菌群落多样性和时空动态的主要因素，旨在揭示细菌群落多样性的时空格局对环境变化的响应机理。

（2）真菌群落的多样性时空格局和适应机制研究。真菌群落的形态和生态较细菌群落具有更高的可塑性，被认为对极端环境的适应性更强，真菌群落的时空格局及其与环境参数的相关性分析可以反映出真菌群落的适应机制。借助DGGE和高通量测序数据，分析真菌群落的多样性和丰富度时空变化的内在规律，探究影响真菌群落空间格局的关键因素，揭示真菌群落对环境变化的响应机理。

（3）反硝化功能微生物群落的多样性时空格局和适应机制研究。本研究的尾矿废水氮污染严重，而过量的氮主要通过微生物群落的反硝化过程去除，事实上微生物群落对环境的适应主要体现在功能结构的适应上，功能类群的组成和结构变化反映整个群落对环境的适应能力。利用荧光定量技术和DGGE技术分析了参与编码亚硝酸盐还原酶（*nirS*、*nirK*）和氧化二氮还原酶（*nosZ*）的3个关键功能基因的丰度和功能类群多样性的变化，为进一步揭示微生物群落对环境变化的适应机制提供充分的证据。

1.5 技术路线

经过实地勘察后：首先，收集水体样品，并测定样品的理化参数，分析微生物群落结构，探讨环境因子和地理距离对微生物群落多样性时空格局的影响；其次，通过对反硝化细菌群落特异性扩增后，研究反硝化功能类群的时空动态及其对环境变化的响应机制；最后，分别从结构和功能两方面来探讨影响微生物群落时空格局的影响因素，揭示在铜尾矿碱性废水中微生物群落多样性的维持机制。主要技术路线见图1-1。

1.6 拟解决的关键问题

（1）在AlkMD中微生物群落的组成和多样性格局是什么？沿着尾矿废水的流动方向（沿环境梯度），微生物群落的多样性模式是否有显著的不同？

（2）如果微生物群落的多样性格局沿环境梯度有显著的不同，那么是哪些因素影响了群落的多样性分布格局？

（3）沿着硝酸盐梯度，反硝化细菌群落的动态是什么？编码不同反硝化酶的关键功能基因是否有显著的变化？

（4）微生物群落在组成、结构和功能上对环境变化的响应机制是否相同？

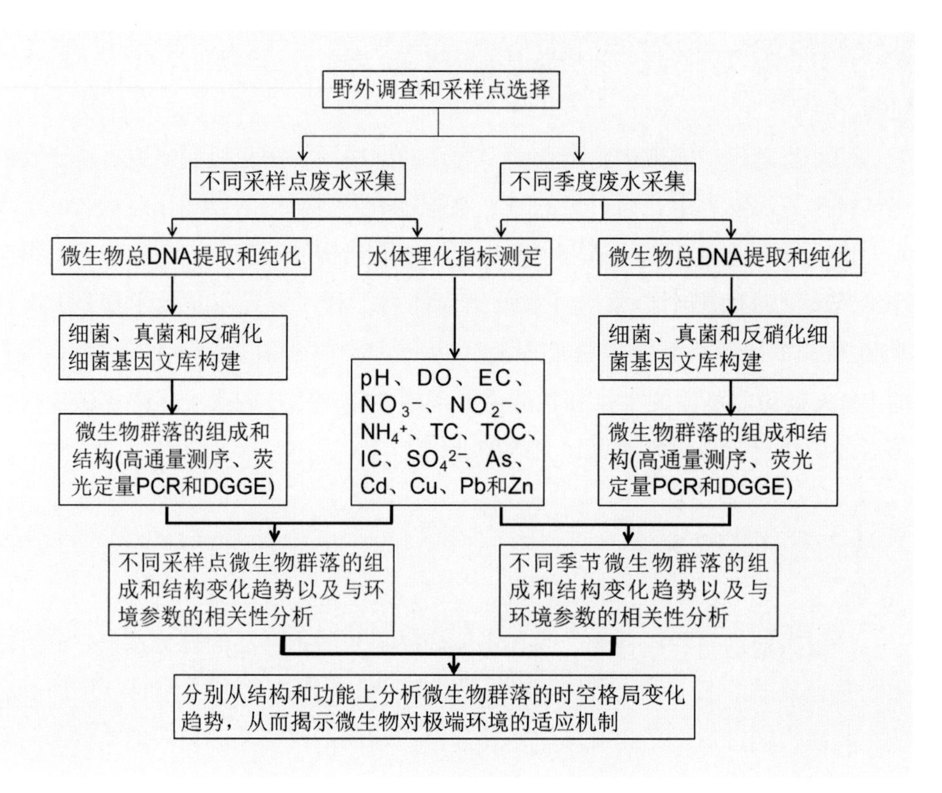

图1-1　技术路线图

1.7 研究目的和意义

尾矿废水污染是全球面临的生态问题，由于尾矿的特殊性，大量堆积对生态环境造成了严重的污染和破坏，因此对尾矿区的生态恢复尤为重要，而微生物在生态恢复过程中发挥着举足轻重的作用，因此了解微生物群落的组成和结构是矿区生态恢复的第一步。本研究针对尾矿废水污染造成的环境恶化，生物多样性减少，地表和地下水受到污染等问题，通过对十八河尾矿库废水中微生物群落结构和功能的研究，阐明微生物群落的时空分布格局、功能多样性以及环境变化对微生物群落结构的影响。从结构和功能两方面来揭示微生物群落对极端环境的适应机制，为极端环境下生物分布格局和多样性维持机制的研究提供新的数据支持，同时为不同受破坏地区的生态修复提供理论依据和技术支持。

1.8 创新点

已有的微生物生态学研究更多地关注环境因子对群落多样性的影响，同时量化群落结构多样性和功能适应性方面的研究较少；相比对自然生境中群落构建机制的研究，针对污染生境中微生物群落结构和多样性维持机制的关注较少。本研究分别从结构和功能上分析了微生物群落在污染胁迫环境中的分布模式和适应机制，不仅有助于阐明微生物群落多样性的维持机制，而且有助于理解在环境胁迫生境中，微生物群落结构和功能之间的协调机制，以期为生态系统的健康诊断、环境污染防控和治理、生态环境管理措施的制定提供科学依据。

2 细菌群落的季节动态及其适应机制

2.1 引言

在自然界中细菌数量众多、代谢周期短、变异速度快，因此对环境的适应能力强，几乎所有的生态系统过程都受到细菌不同程度的影响[87]。细菌往往是极端环境下的先锋生物，如金属尾矿和其他极端生境，细菌群落通过代谢途径可以改变其原来生境的理化性质，从而为其他生物的进入提供了平台。有研究表明，细菌群落的组成、结构以及多样性会沿着生态梯度发生变化[22]，如pH[61, 88, 89]、重金属含量[22, 39, 90-92]、盐度[93]及C/N[94]梯度。微生物群落的分布模式可以预测环境条件的变化程度[95]和发展趋势。特定的微生物类群可以指示微生物群落与环境之间的相互关系[95, 96]，从而能反映出微生物群落对环境变化的应答机制[97, 98]。已有的研究表明，在酸性矿山废水（AMD）中[23, 39, 40, 47, 99-101]微生物群落会沿着生态梯度发生变化，而针对碱性尾矿（AlkMD）生境中细菌群落时空动态和适应机制的研究还非常有限[22, 24]。

在多数情况下，生态系统中的化学组成和浓度变化是环境扰动的主要来源，了解微生物群落结构变化和生态过程之间的联系是微生物生态学的一个主要目标[102]。鉴于微生物在生物地球化学循环过程中所起的重要作用，了解微生物如何应对环境变化，可以帮助我们探索生态系统对化学变化的反应。环境中的微生物群落多数是由广泛分布的优势类群和特定局域生境中分布的稀有类群组成[44, 103]。在生态系统中，微生物群落中的优势类群占有绝对大的丰度，是参与碳循环微生物中的主要部分[104]，然而，那些低丰度的稀有类群在生物地球化学循环和总体代谢中也起着至关重要的作用[104]。此外，稀有类群分布模式对整个微生物群落的生态适应性至关重要[44]。Pester等[104]研究发现一种罕见的细菌在泥炭地硫酸盐还原过程中起着关键作用，Musat等[105]发现一种罕见的厌氧光养细菌是Cadagno湖氮碳循环的主要促进因子，因此研究这种群落组成对于理解生态系统的功能至关重要。即使是在高度多样化的生态系统中，稀有的生物群也支持重要的生态功能[106]，表明稀有物种对生态功能维持非常重要。

中条山铜矿是北方最大的铜生产基地，年产矿量600万t以上，为全国最大的金属地下开采矿山。该区域矿产资源以铜为主，伴生有钴、钼、金、银等多种金属。在矿山采选、矿石冶炼过程中，有大量含有多种重金属的尾矿废水和废渣产生，由于浮悬剂硫化钠、碱石灰以及其他有机试剂在浮选过程中的使用，使得尾矿中有机化合物、硫化物含量过高且呈现碱性。由于尾矿的特殊性，其大量堆积对生态环境造成了严重的污染和破坏，因此该区域的生态恢复尤为重要。研究表明微生物能够改变重金属的形态和迁移率[48]，从而为植被恢复提供前提，而研究微生物的组成和结构是矿区生态恢复的第一步。

本研究选择不同采样点不同季节尾矿废水中的微生物群落为研究对象，探讨北方铜尾矿库重金属污染环境下细菌群落以及优势和稀有类群的时空格局，及其驱动因子，以及整个细菌群落及优势和稀有类群的适应机制。旨在阐明在污染严重的尾矿废水中细菌群落的适应机制，以期为废水污染程度与细菌群落多样性格局的相互影响研究提供新的证据。

2.2 研究区概况

中条山铜矿基地是我国的六大铜基地之一，储量占全国5%以上。十八河尾矿库（北纬35° 15'—35° 17'，东经111° 38'—111° 39'）位于山西省垣曲县，该尾矿库担负隶属于中条山有色金属集团的铜矿峪矿选矿厂以及篦子沟矿选矿厂尾矿的贮存任务，于1972年4月建成使用。现已筑15级子坝，每道子坝高5m，坝轴线按照外坡总坡比1 ： 6内移。坝顶高程564.2 ~ 570.8m，坝顶长度1 714.8m。面积200万m^2，坝高85m，最大库容1.25亿m^3，目前库容1亿m^3，汇水面积约54.6 km^2[107]。该区域属大陆性季风气候，四季分明，春季干旱多风，夏季雨量集中，冬季少雪干燥。

2.3 样品采集与处理

在尾矿库左侧（L1、L2、L3）和右侧（R1、R2、R3）沿水流方向从上游到下游选择了6个采样点，同时选择上游渗流水（USW）和下游渗流水（DSW）的2个采样点（图2-1），共有8个采样点，每个采样点设置3个重复。

图2-1　采样位置示意，箭头方向为水流方向

2.3.1 采样过程

利用自动水样采集器（W2BC-9600）收集水样，取样深度距表层1m。每个样品取水2L，每个采样点取3个重复，样品分别采集于2016年5月、7月、9月和12月，分属春、夏、秋、冬4个季节。水样在原地通过0.2μm的微孔滤膜（Millipore，津腾，天津）过滤1.5L用于收集水体微生物，后将滤膜置于便携式液氮罐中，剩余的0.5L带回实验室用于理化参数的分析，在1个月内完成测试。

2.3.2 理化性质分析

水体pH、溶解氧（DO）、电导率（EC）、硝态氮（NO_3^-）和铵态氮（NH_4^+）含量通过便携式水质检测仪（Aquread AP-2000，UK）原位测定；总碳（TC）、总有机碳（TOC）和无机碳（IC）含量用TOC分析仪（Shimadzu，TOC-V_{CPH}，Japan）测定；亚硝态氮（NO_2^-）和硫酸盐（SO_4^{2-}）含量用全自动间断化学分析仪（DeChem-Tech，CleverChem380，Germany）测定；所有重金属含量（As、Cd、Cu、Pb、Zn）用ICP-AES（iCAP 6000，Thermo Fisher，UK）测定。

2.3.3 DNA提取、PCR扩增和DGGE分析

滤膜剪碎后置于10mL离心管中加入1×PBS洗脱膜上的微生物，然后用DNA提取试剂盒（MP Biomedicals，USA），按照说明书提取微生物的DNA。采用带GC夹子的引物341F（5'-CGCCCGCCGCGCGCGGCGGGCGGGGCGGGGGCACGGGGGGCCTACGGGAGGCAGCAG-3'）和534R（5'-ATTACCGCGGCTGCTGG -3'）扩增细菌16S rDNA的V3区片段。每个样品3个重复，扩增体系为50μL [10×Buffer 4μL，2.5mmol/L的dNTPs 4μL，正反引物（5μmol/L）1μL，Taq酶 0.3μL，DNA模板 10ng，最后用灭菌去离子水补充到50μL]，按以下条件扩增：98℃ /2min（预变性），共26个循环，98℃ /15s（变性），55℃ /30s（退火），72℃ /30s（延伸），和终延伸72℃ /5min。扩增产物通过2 %的凝胶电泳鉴定后进行DGGE。

由于PCR扩增片段是193bp，因此变性胶采用10%（w/v）的浓度，变性胶的梯度是42%～55%，然后用DCode DGGE电泳仪跑胶（Bio-rad，USA）。电泳在电压65V、温度60℃的1×TAE缓冲液中进行，电泳时间为12h。电泳完成后，凝胶用硝酸银溶液染色10min，然后加入预冷的氢氧化钠溶液，在摇床上缓慢振荡15min，用去离子水冲洗掉过量的染色和显色液，然后用凝胶成像系统（Gel Doc TM XR，Bio-rad，USA）扫描染色的凝胶获得DGGE条带图像，并通过图像处理软件（Quantity one v4.62，Bio- rad，USA）分析DGGE条带图像。通过软件半自动识别每个泳道的DNA条带的数量、宽度和亮度。在

每个泳道中具有相同迁移距离的条带认为代表相同的操作分类单元（OTU）。变性凝胶配置，DGGE操作过程与景炬辉[18]一致。

2.3.4 荧光定量PCR

定量扩增细菌的16S rDNA V3区。用酶标仪（Infinite M200 PRO，Tecan，Switzerland）测定DNA模板和质粒的浓度，然后稀释到10 ng · μL^{-1}后进行q-PCR（CFX96，BioRad，USA）扩增。引物为338F（5'-ACTCCTACGGGAGGCAGCAG-3'），534R（5'-ATTACCGCGGCTGCTGG-3'），每个反应体系包括10 μL SYBR® Premix Ex Taq™（Tli RNaseH Plus）（TaKaRa，China），前后引物各1μL（10 μmol · L^{-1}），1μL的DNA模板，然后用无菌水补齐到20μL。PCR反应过程包括：预变性95℃ 3min，共40个循环，扩增条件（95℃ 20s，55℃ 30s，72℃ 30s）。最后添加熔解曲线，每个循环增加0.5℃，从65℃到95℃，用来分析PCR产物是否特异。

通过扩增质粒得到标准曲线从而获得目的基因的拷贝数，质粒的制备过程：首先获得目标条带的PCR产物，然后通过胶回收纯化（TIANGEN，China），纯化的产物与pMD®18-T（Takara Bio，China）质粒载体连接，转化到大肠杆菌（*Escherichia coli* DH5α）感受态细胞。把转化后的大肠杆菌细胞接种到琼脂糖平板上（每升LB培养基中加入1mL AMP，5mL IPTG 和0.8mL X-Gal），37℃培养10h。把阳性克隆转接到新鲜的LB培养基上继代扩大培养12h，然后提取质粒用于定量分析。将已知拷贝数的质粒按10倍梯度连续稀释后进行定量PCR便可获得标准曲线，质粒的拷贝数梯度是10^3 ~ 10^8，扩增效率是101.1%。

2.3.5 优势和稀有类群分类

我们规定在任一采样点中平均相对丰度不小于5%的OTU属于优势类群，平均相对丰度小于5%且在8个采样点中同时出现的频率小于4（不含4）的OTU属于稀有类群。

2.3.6 生态位宽度计算

为了了解优势类群和稀有类群组成、结构和适应性之间的差异，根据

Levins等[108]的方法分析了它们的生态位宽度。

$$B_j = \frac{1}{\sum_{i=1}^{N} P_{ij}^2}$$

B_j表示生态位宽度；P_{ij}表示物种j在采样点i中的相对丰度。如果物种（OTU）在各个采样点中均匀分布，表明该物种的生境范围宽，则B值就大。

2.4 数据分析

为了保证数据符合正态分布，在分析之前对数据进行了平方根或对数转化。不同季节、不同采样点间的水体理化参数，优势和稀有类群的α多样性指数，生态位宽度，细菌拷贝数，不同群落的零偏差值的差异在SPSS 20.0（IBM SPSS，USA）中采用one-way ANOVA分析，并通过Waller-Duncan进行组间比较；α多样性指数与环境参数的相关性大小通过Spearman相关系数检验；在CANOCO（version 5.0，USA）软件中通过非度量多维尺度法（NMDS）比较不同采样点之间的群落相似性，并通过R Studio程序包（vegan）中的非参数多元分析（PERMANOVA）函数检验组间差异；不同季节细菌群落结构的差异性通过Pairwise Adonis分析；在CANOCO中首先通过db-RDA（distance-based redundancy analysis）前选择筛选出对群落结构有显著影响的因子，然后通过VPA（variance partitioning analysis）进一步分析环境因子和空间距离在群落构建过程中的解释率，其中空间距离通过R Studio程序包（SoDA，PCNM）由邻体矩阵主坐标分析PCNM（principalcoordinates of neighbour matrices）获得的PCNM变量矩阵表示；通过R Studio中的（reldist、vegan和bipartite）程序包根据Tucker等[109]和Chase等[110]构建的β多样性零偏差值来定量分析确定性过程和随机过程在群落构建中的相对重要性，[（$\beta_{obs}-\beta_{null}$）/β_{null}]偏离零表示群落的构建是确定性过程决定的，正值表示种间竞争，负值表示环境选择，接近零表示随机过程在群落构建中起决定作用；所有统计分析过程的置信区间均为95%（$P<0.05$）。

2.5 结果

2.5.1 4个月份不同采样点的水体理化参数

水体理化参数在不同采样点存在显著的差异，且沿水流方向呈现一定的变化趋势，而在尾矿库的左侧和右侧这种变化趋势有所不同。5月，左侧3个采样点的pH和碳含量（TC、TOC和IC）在L2处最大，DO、SO_4^{2-}和氮含量（NO_3^-、NO_2^-和NH_4^+）从上游到下游（L1→L2→L3）逐渐减少，而EC则逐渐增加；重金属除了Zn在L1含量最大外，其余4个重金属的变化趋势不明显。在右侧pH、EC、NO_3^-、NO_2^-、NH_4^+和SO_4^{2-}含量沿水流方向从上游到下游（R1→R2→R3）逐渐减少，而DO、TC、TOC和IC的含量则逐渐增加；碳含量在下游渗流水（DSW）中显著高于上游渗流水（USW），而其他参数均是USW高于DSW（表2-1）。7月，在左侧pH、NO_3^-、NO_2^-、NH_4^+和Zn含量从上游到下游有减少的趋势；EC和As含量则逐渐增加。在右侧pH在R2处最大，DO在R1处最大；NO_3^-含量逐渐减少而NH_4^+含量逐渐增加；SO_4^{2-}和Zn含量逐渐减少；DSW中的TC和IC含量显著高于USW，其余参数（除pH和Cu外）均是USW中高于DSW（表2-2）。9月，在左侧NO_3^-、NO_2^-和SO_4^{2-}含量从上游到下游逐渐减少，NH_4^+、碳和As含量逐渐增加；在右侧pH、EC和As含量在R2最大，NO_2^-和碳含量逐渐减少，NH_4^+含量逐渐增加；DSW中的碳含量高于USW，而EC、NH_4^+和SO_4^{2-}的含量在USW显著高于DSW（表2-3）。12月，左侧取样点的pH、EC、NO_3^-、NO_2^-、NH_4^+和SO_4^{2-}含量从上游到下游逐渐减少，DO和IC含量逐渐增加；在右侧pH逐渐增大，NO_3^-、NO_2^-、NH_4^+和SO_4^{2-}含量逐渐减小；DSW中的NH_4^+和TOC含量高于USW中的含量，其余的参数值均是在USW中较高（表2-4）。4个不同月份的水体理化参数除了Zn外，其余因子均有显著的差异。温度（T）在不同月份差异显著，7月最高，12月最低；DO在12月最高，而pH却最低；EC在5月和7月较高；9月NO_3^-和NO_2^-含量较高而NH_4^+含量在5月和12月较高，碳和SO_4^{2-}含量均是12月最低；5月的重金属含量最高（表2-5）。水体理化参数的时空差异，形成了明显的环境梯度。

表2-1 5月8个采样点的水体理化参数

单位：mg/L

参数	采样点							
	L1	L2	L3	R1	R2	R3	USW	DSW
T（℃）	21.37 ± 0.12a	17.67 ± 0.06bcd	17.73 ± 0.06bc	17.53 ± 0.15cd	17.53 ± 0.06cd	17.70 ± 0.00bc	17.90 ± 0.46b	17.33 ± 0.06d
pH	9.28 ± 0.07b	9.51 ± 0.05a	9.25 ± 0.05b	9.29 ± 0.04b	9.29 ± 0.02b	9.24 ± 0.04b	8.43 ± 0.10c	8.01 ± 0.06d
DO	11.46 ± 0.16a	6.07 ± 0.42c	7.48 ± 0.13bc	6.20 ± 1.79c	6.36 ± 0.51bc	7.73 ± 0.11b	11.71 ± 0.21a	10.37 ± 0.79a
EC（$\mu S \cdot cm^{-1}$）	3074.33 ± 27.59b	3151.67 ± 10.60ab	3175.00 ± 13.75ab	3238.67 ± 9.71a	3246.00 ± 8.66a	3180.67 ± 1.53ab	1526.67 ± 172.51c	910.67 ± 10.60d
NO_3^-	83.21 ± 0.54bc	80.05 ± 2.41bc	70.75 ± 1.00c	140.00 ± 29.55a	98.14 ± 2.97b	79.60 ± 4.58bc	4.68 ± 0.36d	1.54 ± 0.07d
NO_2^-	6.43 ± 0.86b	6.61 ± 1.36b	6.36 ± 0.16b	24.24 ± 4.05a	8.59 ± 0.84b	6.57 ± 1.57b	0.33 ± 0.07c	0.13 ± 0.02c
NH_4^+	9.23 ± 0.18a	6.06 ± 0.23d	6.54 ± 1.25cd	7.42 ± 0.08bc	7.97 ± 0.74b	7.55 ± 0.20bc	3.22 ± 0.05e	0.49 ± 0.09f
TC	15.64 ± 0.18d	19.10 ± 0.04c	15.58 ± 0.27de	12.73 ± 0.06g	13.99 ± 0.15f	14.65 ± 0.15ef	22.96 ± 1.21b	69.07 ± 0.50a
TOC	6.37 ± 0.11b	12.30 ± 5.93ab	6.22 ± 0.25b	5.04 ± 0.04b	6.19 ± 0.10b	5.87 ± 0.18b	9.65 ± 11.02b	19.87 ± 5.11a
IC	9.27 ± 0.12c	10.20 ± 0.02c	9.36 ± 0.01c	7.69 ± 0.02c	7.80 ± 0.05c	8.78 ± 0.06c	16.41 ± 6.19b	60.17 ± 0.19a
SO_4^{2-}	1582.50 ± 5.16ab	1185.03 ± 216.38cd	1217.03 ± 56.23cd	1739.90 ± 138.89a	1372.95 ± 98.86bc	1092.98 ± 59.15d	834.57 ± 59.87e	80.24 ± 23.25f
As	7.143 ± 1.763a	5.477 ± 1.437ab	5.474 ± 1.661ab	3.072 ± 1.025bc	5.792 ± 2.539ab	5.728 ± 1.849ab	0.121 ± 0.028c	0.095 ± 0.024c
Cd	0.042 ± 0.013ab	0.046 ± 0.022a	0.022 ± 0.015ab	0.044 ± 0.025ab	0.033 ± 0.002ab	0.029 ± 0.011ab	0.013 ± 0.005b	0.012 ± 0.012b
Cu	0.017 ± 0.005a	0.033 ± 0.006a	0.026 ± 0.013a	0.061 ± 0.038a	0.016 ± 0.007a	0.026 ± 0.022a	0.060 ± 0.055a	0.032 ± 0.024a
Pb	0.295 ± 0.077a	0.242 ± 0.108a	0.283 ± 0.056a	0.274 ± 0.037a	0.201 ± 0.037a	0.278 ± 0.056a	0.203 ± 0.106a	0.307 ± 0.077a
Zn	0.463 ± 0.128a	0.123 ± 0.047b	0.111 ± 0.051b	0.036 ± 0.036b	0.028 ± 0.011b	0.025 ± 0.010b	0.051 ± 0.010b	0.043 ± 0.017b

注：表中数值为平均值 ± 标准误，同一行中不同的字母表示两组之间的差异显著，下同。

表2-2　7月8个采样点的水体理化参数

单位：mg/L

参数	采样点							
	L1	L2	L3	R1	R2	R3	USW	DSW
T（℃）	30.70±0.30a	26.30±0.00c	26.80±0.26b	24.77±0.06e	25.70±0.10d	26.27±0.12c	23.10±0.30f	26.63±0.31bc
pH	9.66±0.08ab	9.54±0.09bc	9.55±0.08bc	9.45±0.03c	9.72±0.03a	9.67±0.04ab	8.10±0.17d	8.19±0.07d
DO	7.19±1.72c	7.30±0.49c	8.03±1.14bc	11.18±0.03a	4.85±0.99d	8.74±0.53bc	9.35±0.13b	1.91±0.09e
EC（$\mu S \cdot cm^{-1}$）	2567.33±27.06d	2820.33±14.19c	2981.67±95.85b	3219.00±3.46a	3141.67±134.86a	3187.67±1.53a	1402.33±2.52e	601.00±1.73f
NO_3^-	213.80±11.25c	152.80±0.53d	70.27±2.55e	362.40±0.70a	232.50±3.77b	207.57±3.42c	37.68±1.56f	15.31±4.17g
NO_2^-	12.44±1.22ab	11.89±0.95ab	6.39±0.23bc	14.95±7.19a	14.80±6.67a	14.87±1.85a	2.09±0.65c	1.39±0.38c
NH_4^+	2.29±0.04a	1.39±0.04b	1.47±0.07b	0.09±0.01de	0.13±0.00d	0.32±0.07c	0.06±0.04de	0.03±0.00e
TC	34.38±10.25b	36.21±1.30b	36.81±12.25b	32.56±12.71b	24.98±7.26b	26.06±8.82b	35.57±6.35b	80.04±4.94a
TOC	30.21±10.35a	29.34±1.37a	31.37±12.22a	26.99±12.70a	19.85±6.83a	19.09±9.07a	19.76±15.74a	26.65±6.30a
IC	4.18±0.24b	6.87±0.14b	5.44±0.03b	5.56±0.07b	5.13±0.43b	6.98±0.47b	12.31±5.27b	53.39±10.99a
SO_4^{2-}	1269.68±253.09bc	1434.92±239.73b	1469.42±260.86b	3068.33±1613.70a	1456.73±132.97b	1223.66±273.83bc	1720.19±674.54b	94.68±37.26c
As	0.452±0.009d	0.910±0.002c	1.517±0.011a	1.457±0.010b	1.516±0.011a	1.444±0.011b	0.258±0.025e	0.017±0.009f
Cd	0.074±0.003b	0.092±0.006a	0.075±0.006b	0.082±0.002ab	0.079±0.002b	0.082±0.007ab	0.055±0.009c	0.075±0.005b
Cu	0.062±0.001a	BDL	BDL	0.001±0.002b	0.001±0.001b	BDL	BDL	0.001±0.001b
Pb	0.010±0.014a	0.014±0.020a	0.014±0.013a	0.019±0.005a	0.014±0.022a	0.015±0.026a	0.018±0.031a	0.018±0.016a
Zn	0.098±0.002a	0.053±0.002b	0.015±0.001e	0.021±0.001d	0.021±0.001d	0.013±0.001e	0.040±0.003c	0.021±0.003d

注：BDL（below detection limit）表示含量在监测线以下，下同。

表2-3 9月8个采样点的水体理化参数

单位：mg/L

参数	采样点							
	L1	L2	L3	R1	R2	R3	USW	DSW
T（℃）	26.50±0.82a	25.67±0.45ab	25.60±0.20ab	25.03±0.64bc	24.27±0.06c	24.17±0.31c	19.60±1.39d	26.60±0.17a
pH	9.32±0.07ab	9.39±0.02a	9.32±0.04ab	9.04±0.27bc	9.16±0.03ab	8.83±0.27c	8.19±0.06d	8.15±0.08d
DO	8.56±0.34a	10.47±0.77a	9.08±1.33a	5.68±5.11a	4.76±2.25a	8.37±0.63a	10.64±0.49a	7.66±5.70a
EC（$\mu S \cdot cm^{-1}$）	1834.33±54.05b	1857.00±15.87b	1939.33±76.13ab	1844.33±37.86b	2015.67±21.01a	1923.00±24.27ab	1427.33±102.57c	404.33±14.74d
NO_3^-	434.40±19.38a	281.60±12.30abc	191.17±1.53cd	368.43±45.44ab	238.73±1.31bc	381.97±217.50ab	52.65±5.98d	46.98±6.30d
NO_2^-	28.09±3.00a	12.53±0.98bc	15.29±0.12b	23.47±2.12a	10.10±1.03c	14.22±5.57bc	2.88±0.91d	3.43±0.16d
NH_4^+	1.45±0.01f	1.67±0.02e	1.86±0.01c	1.83±0.02cd	1.81±0.01d	1.97±0.02b	2.33±0.05a	0.39±0.03g
TC	20.60±0.06e	22.90±0.05d	28.31±0.07c	46.71±0.11b	44.42±0.45b	27.09±5.85cd	25.07±0.04cd	57.12±0.24a
TOC	7.60±0.01d	7.34±0.06de	10.87±0.15c	26.63±0.06a	24.72±0.35a	12.81±2.91bc	5.25±0.04e	14.10±0.13b
IC	13.01±0.06e	15.56±0.11cd	17.45±0.08c	20.09±0.05b	19.69±0.10b	14.28±2.95de	19.82±0.00b	43.02±0.11a
SO_4^{2-}	1609.17±59.48a	1203.34±186.14b	1390.37±39.29ab	1209.24±52.57b	1209.24±52.57b	1170.55±140.11b	897.90±169.57c	137.25±67.12d
As	2.407±0.036c	3.039±0.033b	3.452±0.053a	2.946±0.511b	3.085±0.041ab	2.538±0.009c	0.180±0.015d	0.155±0.021d
Cd	0.004±0.001a	0.002±0.002a	0.003±0.003a	0.003±0.003a	0.002±0.002a	0.002±0.000a	0.006±0.005a	0.006±0.005a
Cu	0.017±0.015b	0.038±0.006a	0.009±0.005b	0.016±0.009b	0.012±0.006b	0.009±0.009b	0.006±0.003b	0.016±0.006b
Pb	0.060±0.063a	0.020±0.035a	0.047±0.077a	0.078±0.069a	0.026±0.026a	0.030±0.052a	0.071±0.065a	0.028±0.049a
Zn	0.012±0.002b	0.015±0.007b	0.018±0.010b	0.060±0.095b	0.018±0.005b	0.023±0.008b	2.741±1.832a	0.249±0.099b

表2-4 12月8个采样点的水体理化参数

单位：mg/L

参数	采样点							
	L1	L2	L3	R1	R2	R3	USW	DSW
T（℃）	8.33±0.06c	8.70±0.10abc	8.97±0.64ab	9.13±0.06ab	9.17±0.06a	9.10±0.00ab	8.87±0.06ab	8.67±0.12bc
pH	8.55±0.01a	8.24±0.01b	8.21±0.02b	7.96±0.05c	7.98±0.02c	8.19±0.07b	7.94±0.04c	7.82±0.13d
DO	6.07±1.65c	11.02±0.19b	10.68±0.27b	11.10±0.20b	11.12±0.10b	11.30±0.36b	12.96±0.03a	10.55±0.14b
EC（$\mu S \cdot cm^{-1}$）	1835.00±50.24a	1769.67±1.15c	1779.67±0.58bc	1818.67±11.68a	1818.00±11.14a	1810.33±2.08ab	1491.00±2.65d	571.33±2.08e
NO_3^-	104.92±9.84a	39.33±0.91cd	33.23±0.63d	54.19±1.45b	54.05±1.27b	41.82±1.42c	3.99±0.09e	4.27±0.48e
NO_2^-	6.40±0.32a	2.89±0.15b	2.16±0.05c	3.17±0.11b	2.16±0.10c	2.22±0.11c	0.11±0.01d	0.26±0.02d
NH_4^+	6.85±0.02a	6.54±0.03e	6.66±0.03cd	6.83±0.04ab	6.74±0.08bc	6.59±0.04de	3.68±0.10f	6.60±0.03de
TC	11.75±0.92c	11.28±0.24cd	11.29±0.09cd	10.71±0.54d	10.59±0.49d	10.82±0.35cd	21.23±0.12a	15.88±0.42b
TOC	6.22±2.45a	5.68±0.11ab	4.66±0.24ab	4.40±0.27bc	4.26±0.15bc	4.57±0.20abc	2.80±0.10c	5.27±0.09ab
IC	2.80±1.09d	5.59±0.13c	6.63±0.32c	6.31±0.65c	6.33±0.64c	6.24±0.15c	18.43±0.03a	10.61±0.48b
SO_4^{2-}	989.06±3.22ab	740.65±135.24cd	760.64±35.14cd	1087.44±86.81a	858.09±61.79bc	683.11±36.97d	521.60±37.42e	95.09±25.87f
As	0.062±0.015b	0.061±0.002b	0.084±0.006ab	0.065±0.014b	0.066±0.014b	0.070±0.001b	0.140±0.010a	0.072±0.086ab
Cd	0.007±0.001a	0.008±0.001a	0.008±0.004a	0.010±0.002a	0.009±0.003a	0.006±0.004a	0.010±0.002a	BDL
Cu	0.021±0.012b	0.011±0.003b	0.044±0.016a	0.019±0.008b	0.014±0.011b	0.013±0.006b	0.026±0.011ab	0.007±0.013b
Pb	0.031±0.032a	0.007±0.011a	0.065±0.032a	0.024±0.042a	BDL	0.044±0.039a	0.020±0.023a	0.007±0.013a
Zn	0.339±0.039ab	0.272±0.109ab	0.413±0.159a	0.208±0.138ab	0.148±0.018b	0.220±0.041ab	0.249±0.045ab	0.181±0.114b

表2-5　4个月份的水体理化参数

单位：mg/L

参数	5月	7月	9月	12月
T（℃）	18.10±0.26c	26.28±0.42a	24.68±0.45b	8.87±0.07d
pH	9.04±0.10a	9.24±0.13a	8.93±0.10a	8.11±0.05b
DO	8.42±0.48b	7.32±0.57b	8.15±0.64b	10.60±0.40a
EC（$\mu S \cdot cm^{-1}$）	2687.96±180.38a	2490.13±188.96a	1655.67±104.84b	1611.71±84.91b
NO_3^-	94.75±20.68bc	161.54±22.78b	249.49±31.58a	41.98±6.29c
NO_2^-	7.41±1.49b	9.85±1.27ab	13.75±1.77a	2.42±0.38c
NH_4^+	6.06±0.56a	0.72±0.17b	1.66±0.11b	6.31±0.21a
TC	22.97±3.69b	38.33±3.72a	34.03±2.65a	12.94±0.74b
TOC	8.94±1.28bc	25.41±2.00a	13.66±1.57b	4.73±0.25c
IC	16.21±3.53ab	12.48±3.34ab	20.36±1.87a	7.87±0.93b
SO_4^{2-}	1138.15±101.46ab	1467.20±192.80a	1103.38±87.73ab	716.96±60.91b
As	4.11±0.590a	0.95±0.122c	2.23±0.258b	0.08±0.008c
Cd	0.03± 0.004b	0.08±0.002a	BDL	0.01±0.001c
Cu	0.03±0.006a	0.01±0.004b	0.02±0.002b	0.02±0.003ab
Pb	0.26±0.015a	0.02±0.003b	0.05±0.011b	0.02±0.006b
Zn	0.11±0.030a	0.04±0.006a	0.39±0.216a	0.25±0.024a

2.5.2 5月细菌群落的多样性格局

通过DGGE分析共获得58个条带（OTU），其中有34个OTU属于优势类群，19个OTU属于稀有类群。优势类群的平均相对丰度为77.03%，是整个群落的重要组成部分，稀有类群的平均相对丰度是13.41%。不论是优势类群还是稀有类群，它们在不同采样点的相对丰度存在明显的变化趋势（图2-2）。

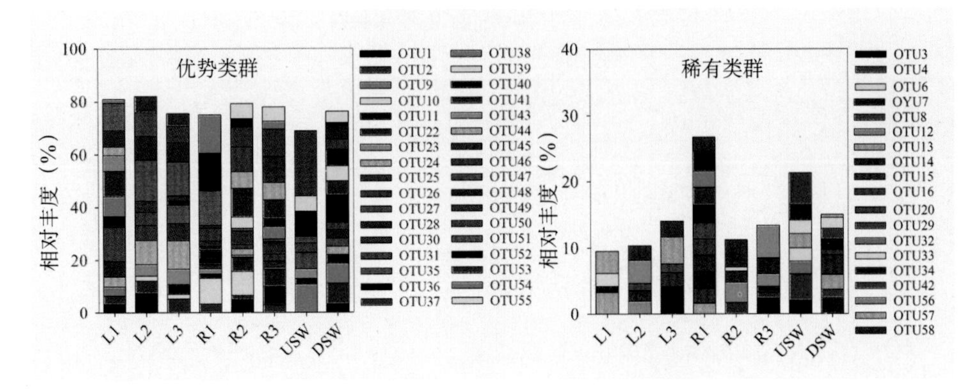

图2-2　5月优势（左）和稀有（右）细菌类群组成

5月细菌群落的α多样性指数在不同采样点存在显著差异，不论是整个群落，优势类群还是稀有类群，它们的4个多样性指数（OTUs、Chao-1、Simpson和Shannon）均是在R3采样点最大。整个群落（所有OTUs）和优势类群的α多样性在左侧3个采样点（L1、L2和L3）和右侧3个采样点（R1、R2和R3）都表现为沿水流方向逐渐增加的趋势，而稀有类群的α多样性只在左侧表现为增加的趋势，在右侧则变化不明显。整个群落和优势类群的α多样性在上游和下游渗流水中也存在显著的差异，下游显著高于上游，但是这种变化在稀有类群中不明显（图2-3）。细菌群落的拷贝数沿着水流方向也呈现增加的趋势（图2-4）。

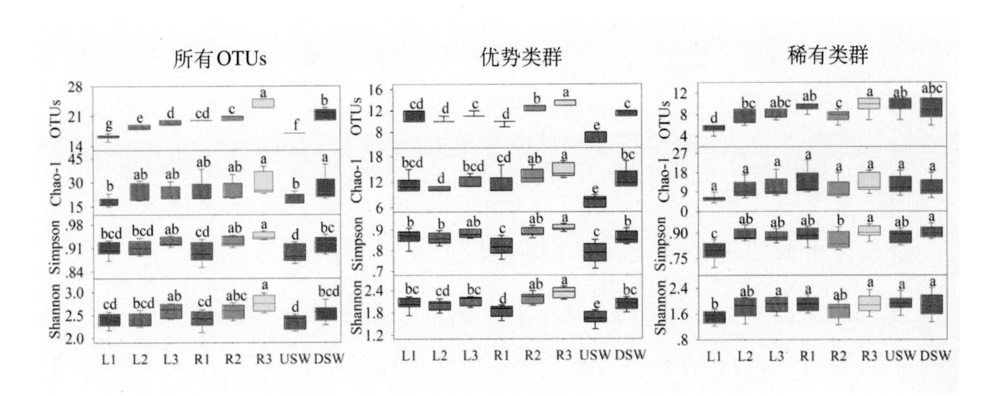

图2-3　5月8个采样点细菌群落的α多样性指数

注：字母不同表示差异显著（$P<0.05$）。

细菌群落的丰度以及α多样性变化趋势与水体理化参数有显著的相关性(表2-6)，T和Zn浓度与细菌拷贝数显著相关。不同理化因子与整个群落、优势类群和稀有类群α多样性的相关性不同，其中T和Zn浓度与整个群落的OTUs和Chao-1指数有显著的相关性；As和Cu的浓度与优势类群的Simpson和Shannon指数有显著相关性；pH、NH_4^+、SO_4^{2-}、As、Cd、Cu和Zn浓度与稀有类群α多样性有显著的相关性（表2-6）。

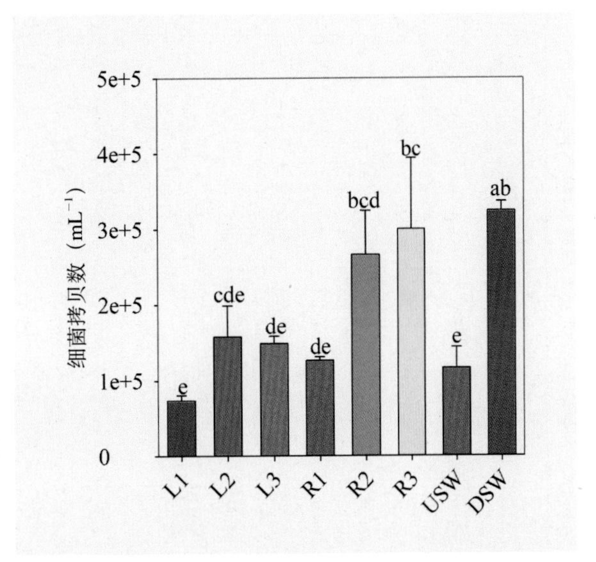

图2-4　5月细菌群落拷贝数

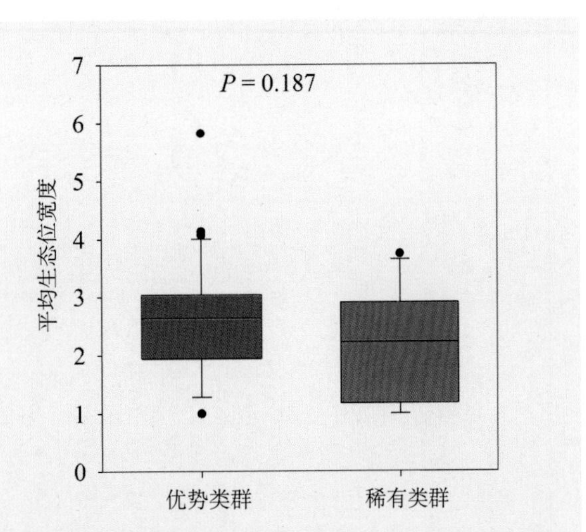

图2-5　优势和稀有类群的生态位宽度

表2-6 水体理化参数与5月细菌群落 α 多样性指数的相关性

参数	所有 OTUs					优势类群				稀有类群			
	16S rDNA 拷贝数	OTUs	Chao-1	Simpson	Shannon	OTUs	Chao-1	Simpson	Shannon	OTUs	Chao-1	Simpson	Shannon
T	–0.50*	–0.52**	–0.52**	0.08	–0.13	–0.18	–0.18	0.07	0.04	–0.30	–0.39	–0.33	–0.19
pH	–0.23	–0.21	–0.25	0.02	–0.14	–0.08	–0.08	0.19	0.11	–0.42*	0.16	–0.17	–0.38
DO	–0.28	–0.33	–0.31	–0.21	–0.24	–0.20	–0.20	–0.25	–0.23	0.10	–0.38	–0.16	0.05
EC	0.13	0.37	0.35	0.31	0.31	0.35	0.35	0.36	0.37	–0.03	0.24	–0.06	–0.03
NO_3^-	–0.21	–0.01	–0.03	0.05	–0.02	0.10	0.10	0.14	0.14	–0.29	0.02	–0.34	–0.33
NO_2^-	–0.13	0.12	0.09	0.12	0.07	0.14	0.14	0.18	0.17	–0.12	0.09	–0.20	–0.11
NH_4^+	–0.30	–0.10	–0.11	0.26	0.11	0.29	0.29	0.41*	0.40	–0.43*	–0.26	–0.51*	–0.39
TC	0.01	–0.30	–0.28	–0.27	–0.25	–0.32	–0.32	–0.30	–0.32	0.01	–0.13	0.18	0.06
TOC	0.15	–0.09	–0.06	0.00	0.00	–0.01	–0.01	0.00	0.00	–0.18	–0.05	0.25	–0.13
IC	0.06	–0.23	–0.24	–0.20	–0.17	–0.23	–0.23	–0.21	–0.22	–0.09	–0.12	0.11	–0.04
SO_4^{2-}	–0.36	–0.21	–0.23	–0.10	–0.21	–0.05	–0.05	–0.03	–0.02	–0.36	–0.13	–0.44*	–0.33
As	–0.18	–0.09	–0.13	0.39	0.20	0.29	0.29	0.55**	0.51*	–0.46*	–0.17	–0.35	–0.35
Cd	–0.30	–0.20	–0.23	0.06	–0.10	–0.01	–0.01	0.19	0.14	–0.39	–0.02	–0.27	–0.42*
Cu	0.01	–0.09	–0.10	–0.32	–0.23	–0.39	–0.39	–0.42*	–0.43*	0.37	0.24	0.26	0.46*
Pb	0.01	0.01	–0.01	–0.02	0.03	–0.03	–0.03	0.02	–0.03	0.02	0.10	0.00	–0.05
Zn	–0.53**	–0.68**	–0.69**	–0.18	–0.40	–0.36	–0.36	–0.11	–0.16	–0.54**	–0.36	–0.35	–0.45*
PCNM1	0.32	0.16	0.15	0.19	0.18	0.26	0.26	0.40	0.36	–0.22	0.33	0.15	–0.31

注："*" 表示 $P<0.05$，"**" 表示 $P<0.01$，"***" 表示 $P<0.001$，下同。

从NMDS排序图可以看出不同采样点的细菌群落具有不同的空间分布格局（图2-6），并通过PERMANOVA分析证实了这种差异性（表2-7）。在整个群落和稀有类群中，上游采样点与中游和下游采样点的群落格局差异明显，而中游和下游的采样点聚在一起（图2-6）。对于优势类群来说，不同采样点之间没有明显的聚集，说明不同采样点的细菌群落结构均不同（图2-6）。整个群落和优势类群结构在左侧和右侧采样点也差异明显，但是稀有类群没有这种差异性。优势和稀有类群的空间分布格局不同，这也表现在它们的生态位宽度上，相对于稀有类群来说优势类群的生态位要宽一些（图2-5）。

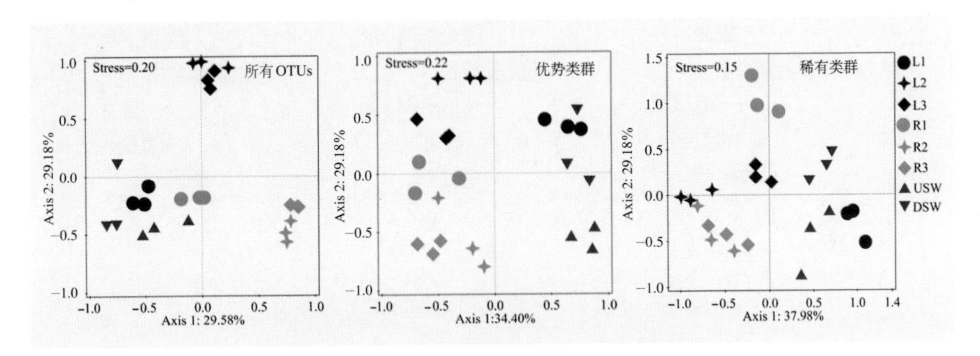

图2-6 5月细菌群落的NMDS排序图

表2-7 5月细菌群落的PERMANOVA分析结果

分类	所有 OTUs			优势类群			稀有类群		
	F	R^2	P	F	R^2	P	F	R^2	P
组别	8.34	0.79	0.001	7.64	0.77	0.001	8.70	0.79	0.001

零模型分析结果表明，影响5月不同细菌群落空间分布格局的主要驱动力是环境选择，但是不同采样点的细菌群落受到的选择强度不同，总体的变化趋势是从上游到下游选择强度逐渐变小，而上游和下游渗流水中的细菌群落受到的选择力没有显著差异（图2-7）。

db-RDA前选择结果表明，对整个群落有显著影响的环境因子共7个，根据解释率的大小排序分别是NO_2^-、pH、T、TC、PCNM1、NH_4^+和NO_3^-；对优势类群有显著影响的环境因子也是7个，分别是NO_2^-、pH、TC、T、NH_4^+、

PCNM1和NO_3^-；对稀有类群有显著影响的7个环境因子分别是DO、PCNM1、NO_3^-、T、TC、EC和NO_2^-（表2-8）。对整个群落和优势类群结构有显著影响的环境因子相同，只是解释率不同，而影响稀有类群结构的环境因子与前两者有所不同。NO_2^-、NO_3^-、T、TC和PCNM1是影响3个群落结构的共有因子，说明碳、氮、温度和空间距离对5月尾矿废水中细菌群落空间格局影响的重要性。

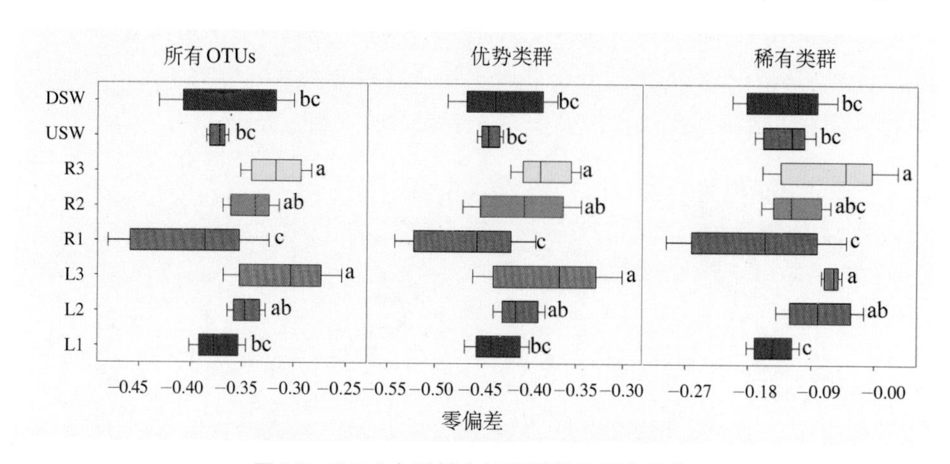

图2-7　5月8个采样点细菌群落的零偏差值

表2-8　前选择结果中对5月细菌群落结构有显著影响的环境因子

所有OTUs			优势类群			稀有类群		
环境因子	解释率（%）	*P*	环境因子	解释率（%）	*P*	环境因子	解释率（%）	*P*
NO_2^-	13	0.002	NO_2^-	14.7	0.002	DO	16.1	0.002
pH	10.8	0.002	pH	10.4	0.004	PCNM1	12.1	0.002
T	9.5	0.002	TC	11.3	0.002	NO_3^-	10.9	0.002
TC	8.3	0.002	T	9.2	0.002	T	8.7	0.002
PCNM1	6.8	0.002	NH_4^+	6.2	0.002	TC	7.8	0.002
NH_4^+	6.1	0.012	PCNM1	5.1	0.02	EC	4.7	0.026
NO_3^-	4.6	0.048	NO_3^-	4.5	0.042	NO_2^-	4.9	0.046

方差分解结果表明5月细菌群落的空间分布格局是环境选择和扩散限制共同作用的结果，但是环境因子的解释率显著高于空间距离的解释率（表2-9）。

单独的环境因子（E|S）对整个群落、优势和稀有类群的解释率分别是36.7%、40.4%和41.6%；单独的空间距离（S|E）对三者的解释率分别是5.4%、3.6%和11.2%；环境因子和空间距离的交互作用（E×S）几乎对群落结构没有影响；环境因子和扩散限制的共同作用对三者的解释率分别是41.1%、44.3%和50.0%（表2-9）。总的来说，不论是整个细菌群落、优势细菌类群还是稀有细菌类群，它们的空间分布格局主要是由环境选择驱动的。

表2-9 单独的环境因素（E|S）、单独的空间因素（S|E）、环境因素和空间因素的交互作用（E×S）以及环境因素和空间因素的总和（E+S）对5月细菌群落分布格局解释率的方差分解结果

参数	所有 OTUs			优势类群			稀有类群		
	解释率（%）	*F*	*P*	解释率（%）	*F*	*P*	解释率（%）	*F*	*P*
E|S	36.7	3.3	0.002	40.4	3.7	0.002	41.6	4.1	0.002
S|E	5.4	2.6	0.002	3.6	2.1	0.01	11.2	4.8	0.002
E×S	−1	–	–	0.3	–	–	−2.8	–	–
E+S	41.1	3.3	0.002	44.3	3.6	0.002	50.0	4.3	0.002

2.5.3 7月细菌群落的多样性格局

通过DGGE分析共获得88个OTU，其中35个OTU属于优势类群，50个OTU属于稀有类群。优势类群的平均相对丰度是72.76%，且在上游采样点(L1和R1）优势类群的相对丰度较高；稀有类群的平均相对丰度是25.10%。优势和稀有类群在不同采样点的相对丰度存在明显的变化（图2-8)。

整个群落和稀有类群的4个α多样性指数（OTUs、Chao-1、Simpson和Shannon）沿水流方向从上游到下游逐渐增大，但是在渗流水中它们的趋势不同。整个群落的OTUs和Chao-1指数在DSW中较大，而Simpson和Shannon指数在SUW中较大；USW和DSW中稀有类群的4个α多样性指数没有显著差异(图2-9)。优势类群的α多样性指数沿水流方向没有显著变化，库内水中群落的多样性高于渗流水中群落的多样性（图2-9)。细菌群落的拷贝数沿水流方向逐渐增加，且在DSW中的拷贝数最大（图2-10)，说明污染梯度对细菌群落的丰度有明显影响。

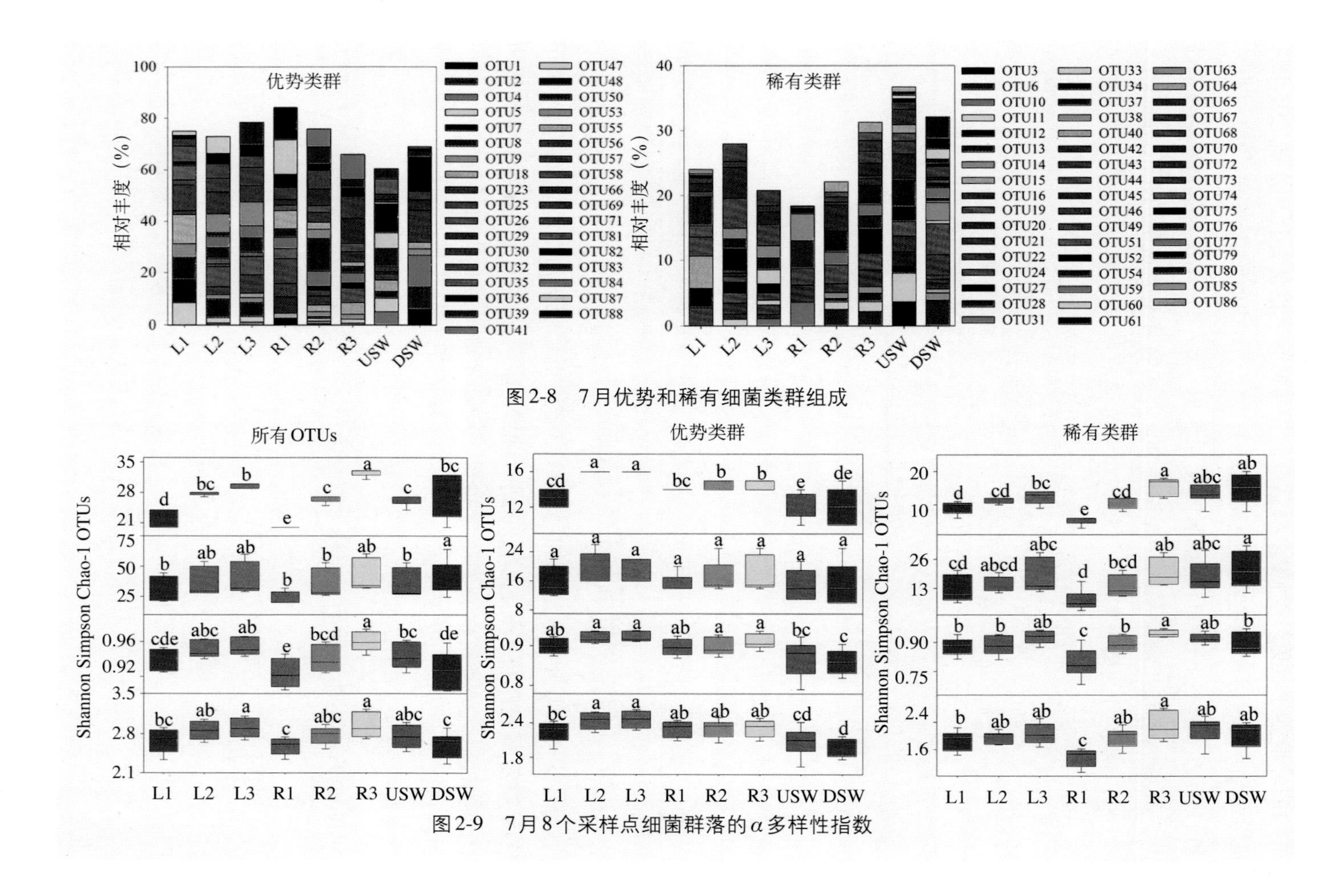

图2-8 7月优势和稀有细菌类群组成

图2-9 7月8个采样点细菌群落的α多样性指数

细菌群落的丰度和多样性变化趋势与水体理化参数有显著相关性（表2-10）。pH、EC、NO_3^-、NO_2^-、SO_4^{2-}、As和Cd的浓度与细菌拷贝数显著负相关，TC和IC浓度与细菌拷贝数显著正相关性。不同理化因子与整个群落、优势和稀有类群α多样性指数的相关性不同，其中NO_3^-和Zn的浓度与整个群落的丰富度指数（OTUs和Chao-1）显著负相关，NH_4^+浓度与整个群落的多样性指数（Simpson和Shannon）显著正相关，Cu浓度与二者显著负相关；pH、EC、NH_4^+、As和Cd的浓度与优势类群的α多样指数都有显著的正相关性；NO_3^-、SO_4^{2-}、Cu和Zn的浓度与稀有类群的α多样性指数显著负相关，IC浓度与OTUs和Chao-1指数显著正相关；PCNM1与整个群落和优势类群的Shannon和Chao-1指数显著正相关性，说明它们的变化也受到空间距离的影响（表2-10）。

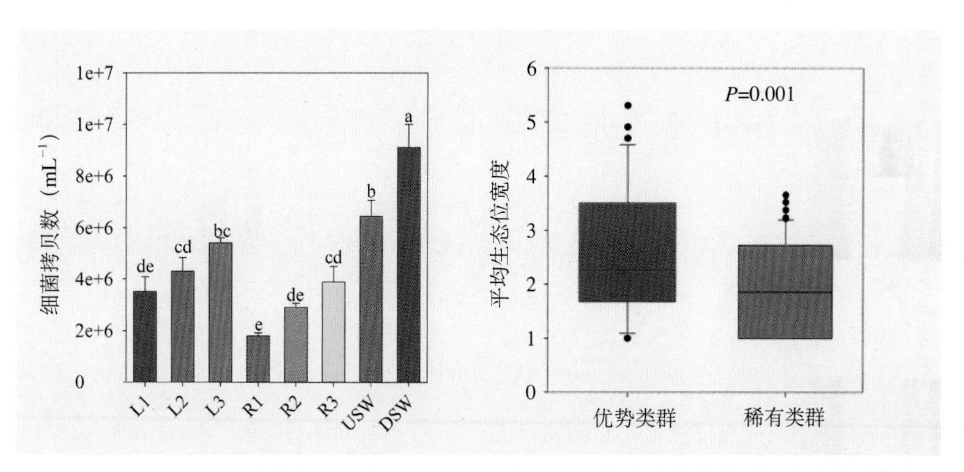

图2-10 7月细菌群落拷贝数　　　　图2-11 优势和稀有类群的生态位宽度

从NMDS排序图可以看出不同采样点细菌群落具有不同的分布格局（图2-12，表2-11）。在整个群落中，左侧和右侧上游采样点（L1和R1）与中游和下游采样点（L2、L3、R2、R3）的群落格局差异明显，中游和下游的采样点聚在一起，且R2、R3和DSW聚在一起，聚在一起的群落具有相似的空间格局；对于优势类群来说，8个采样点可以分为6组（R1；R2和R3；L1；L2和L3；USW；DSW）；稀有类群中也是中游和下游采样点聚在一起，L2、L3和DSW聚在一起；SUW和DSW在整个群落以及优势和稀有类群中都表现为明显不同的空间分布格局（图2-12）。优势和稀有类群的生态位宽度也明显不同，优势类群的生态位宽度大于稀有类群的生态位宽度（图2-11）。

表2-10　水体理化参数与7月细菌群落α多样性指数的相关性

参数	所有 OTUs					优势类群				稀有类群			
	16S rDNA 拷贝数	OTUs	Chao-1	Simpson	Shannon	OTUs	Chao-1	Simpson	Shannon	OTUs	Chao-1	Simpson	Shannon
T	0.14	0.29	0.30	0.17	0.06	0.12	0.13	0.31	0.19	0.07	0.10	0.08	−0.02
pH	−0.59**	0.11	−0.11	0.36	0.43*	0.46*	0.40	0.46*	0.42*	−0.23	−0.26	0.04	−0.03
DO	−0.37	−0.31	−0.52**	0.05	0.05	−0.01	−0.25	0.07	0.09	−0.20	−0.26	−0.03	−0.03
EC	−0.78**	−0.04	−0.27	0.17	0.28	0.56**	0.31	0.39	0.46*	−0.36	−0.40	−0.11	−0.16
NO_3^-	−0.92**	−0.46*	−0.63**	−0.17	−0.08	0.25	0.05	0.14	0.22	−0.67**	−0.69**	−0.40	−0.45*
NO_2^-	−0.74**	−0.14	−0.40	0.17	0.25	0.33	0.20	0.32	0.32	−0.34	−0.42*	−0.10	−0.13
NH_4^+	−0.25	0.13	−0.15	0.44*	0.41*	0.53**	0.45*	0.71**	0.62**	−0.24	−0.29	0.09	−0.05
TC	0.50*	0.05	0.27	−0.24	−0.37	−0.23	−0.06	−0.29	−0.28	0.18	0.19	−0.10	−0.04
TOC	0.15	−0.09	−0.02	−0.09	−0.19	0.11	0.20	0.06	0.08	−0.17	−0.20	−0.11	−0.24
IC	0.57**	0.33	0.49*	0.01	−0.03	−0.29	−0.04	−0.38	−0.39	0.63**	0.63**	0.18	0.36
SO_4^{2-}	−0.47*	−0.30	−0.50*	0.06	0.12	0.27	0.01	0.26	0.40	−0.44*	−0.45*	−0.18	−0.26
As	−0.54**	0.12	−0.13	0.32	0.45*	0.70**	0.40	0.57**	0.60**	−0.26	−0.26	0.13	−0.01
Cd	−0.47*	0.09	0.00	0.06	0.14	0.56**	0.54**	0.33	0.38	−0.21	−0.24	−0.29	−0.23
Cu	−0.24	−0.54**	−0.40	−0.50*	−0.51*	−0.32	−0.24	−0.28	−0.28	−0.52**	−0.49*	−0.39	−0.45*
Pb	−0.12	−0.10	−0.09	−0.27	−0.20	−0.01	0.10	−0.17	−0.05	−0.12	−0.14	−0.06	−0.12
Zn	−0.08	−0.60**	−0.55**	−0.38	−0.42*	−0.29	−0.19	−0.18	−0.12	−0.51*	−0.50*	−0.49*	−0.52*
PCNM1	0.07	0.36	0.28	0.39	0.47*	0.29	0.57**	0.14	0.08	0.32	0.25	0.19	0.37

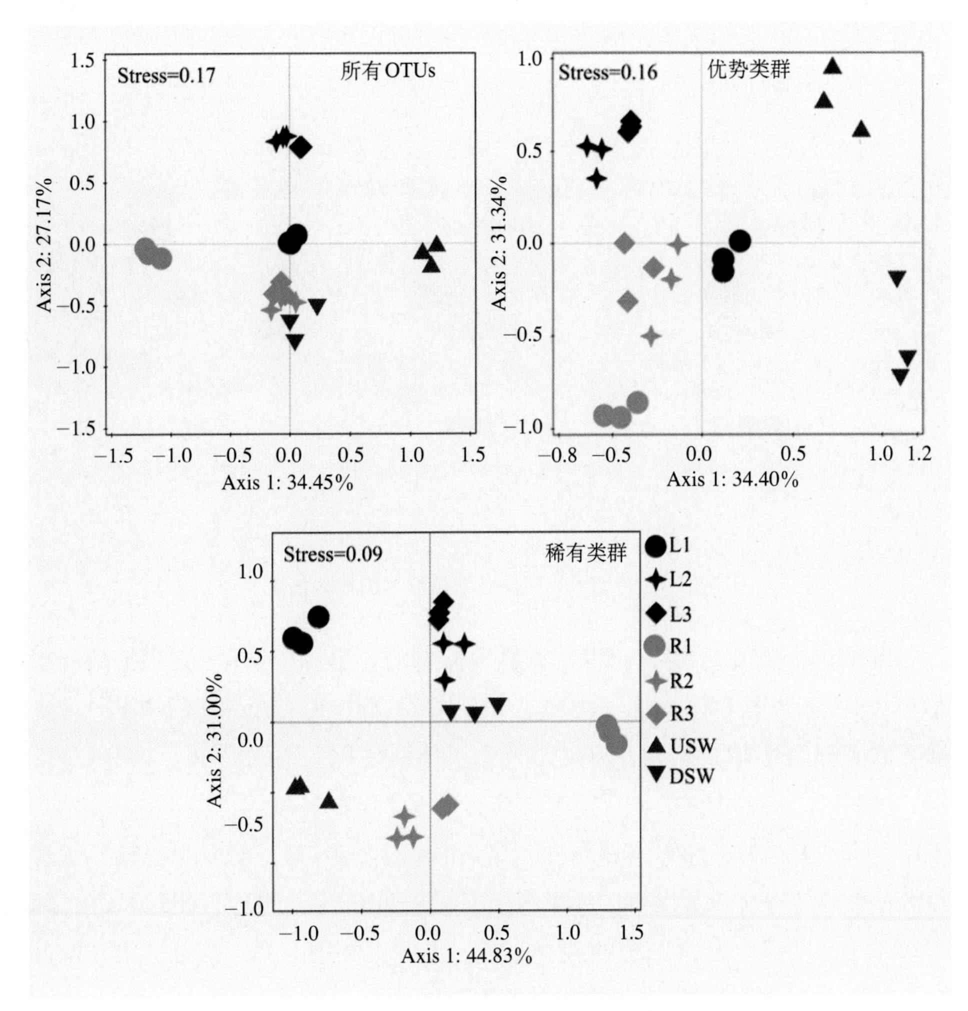

图2-12 7月细菌群落的NMDS排序图

表2-11 7月细菌群落的PERMANOVA分析结果

分类	所有OTUs			优势类群			稀有类群		
	F	R^2	P	F	R^2	P	F	R^2	P
组别	16.35	0.88	0.001	18.20	0.89	0.001	11.09	0.83	0.001

零模型分析结果表明影响7月不同细菌群落空间分布格局的主要驱动力是环境选择，而不同采样点的细菌群落受到的选择强度不同，SUW和DSW中的

细菌群落受到的选择强度在整个群落和优势类群中也存在差异，DSW的零偏差值显著小于SUW的零偏差值，但是在稀有类群中它们没有显著变化（图2-13）。

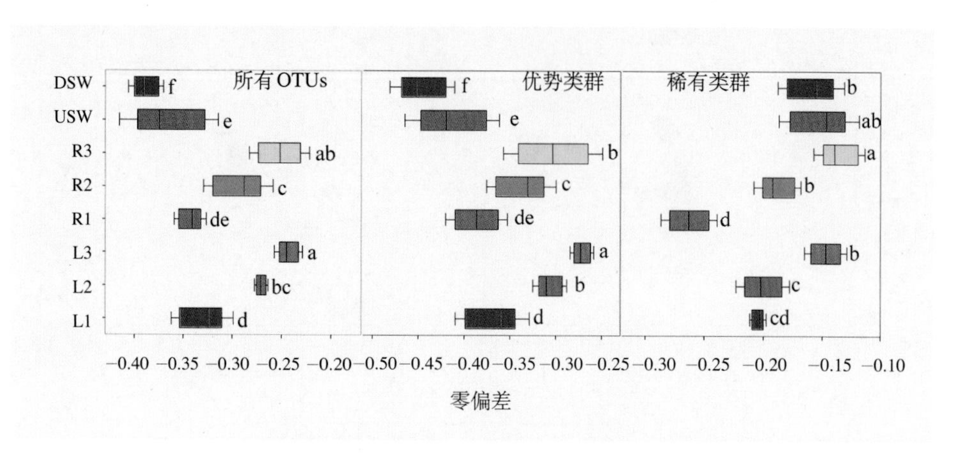

图2-13　7月8个采样点细菌群落的零偏差值

db-RDA结果显示对整个群落有显著影响的环境因子共9个，根据解释率大小排序分别是EC、NO_3^-、NH_4^+、pH、Cu、Zn、IC、As和PCNM1；对优势类群有显著影响的环境因子也是9个，分别是EC、NO_3^-、IC、NH4+、T、Cu、PCNM1、As和NO_2^-；对稀有类群有显著影响的环境因子共8个，分别是NH_4^+、Cu、T、pH、NO_3^-、PCNM1、Zn和EC（表2-12）。对整个群落、优势和稀有类群结构有显著影响的环境因子不同，其中EC、NO_3^-、NH_4^+、Cu、和PCNM1是影响3个群落结构的共有因子，说明电导率、氮、重金属铜和空间距离是决定7月细菌群落多样性格局的关键因子。

表2-12　前选择结果中对7月细菌群落结构有显著影响的环境因子

所有 OTUs			优势类群			稀有类群		
环境因子	解释率（%）	*P*	环境因子	解释率（%）	*P*	环境因子	解释率（%）	*P*
EC	15.5	0.002	EC	19.4	0.002	NH_4^+	14.8	0.002
NO_3^-	13.6	0.002	NO_3^-	15.7	0.002	Cu	12.2	0.002
NH_4^+	12.6	0.002	IC	12.4	0.002	T	10.5	0.002
pH	12	0.002	NH_4^+	11.3	0.002	pH	10	0.002

（续）

所有 OTUs			优势类群			稀有类群		
环境因子	解释率（%）	*P*	环境因子	解释率（%）	*P*	环境因子	解释率（%）	*P*
Cu	11.2	0.002	T	10.7	0.002	NO_3^-	9.9	0.002
Zn	4.7	0.002	Cu	5.2	0.002	PCNM1	4.9	0.004
IC	3.2	0.038	PCNM1	3.3	0.004	Zn	4.8	0.012
As	3.2	0.01	As	2.8	0.034	EC	3.9	0.012
PCNM1	2.9	0.044	NO_2^-	2.5	0.038			

方差分解结果表明，7月整个细菌群落和稀有类群的空间格局是环境选择和扩散限制共同作用的结果，但是环境因子的解释率显著高于空间距离的解释率，而优势类群的空间格局是环境选择的结果（表2-13）。

表2-13　单独的环境因素（E|S）、单独的空间因素（S|E）、环境因素和空间因素的交互作用（E×S）以及环境因素和空间因素的总和（E+S）对7月细菌群落分布格局解释率的方差分解结果

参数	所有OTUs			优势类群			稀有类群		
	解释率（%）	*F*	*P*	解释率（%）	*F*	*P*	解释率（%）	*F*	*P*
E|S	55.3	4.8	0.002	68.8	7.9	0.002	49.3	4.5	0.002
S|E	9.4	4.5	0.002	2.0	2.1	0.052	4.6	2.6	0.008
E×S	−4.8	–	–	1.7	–	–	1.7	–	–
E+S	59.9	4.8	0.002	72.5	7.7	0.002	55.5	4.6	0.002

单独的环境因子（E|S）对整个群落、优势和稀有类群的解释率分别是55.3%、68.8%和49.3%；单独的空间距离（S|E）对三者的解释率分别是9.4%、2.0%和4.6%；环境因子和空间距离的交互作用（E×S）对群落结构的影响很小；环境因子和空间距离的共同作用对三者的解释率分别是59.9%、72.5%和55.5%（表2-13）。总的来看，不论是整个群落、优势还是稀有类群，它们的空间格局主要由环境选择驱动。

2.5.4 9月细菌群落的多样性格局

通过DGGE分析9月细菌群落共有84个OTU，其中26个OTU属于优势类群，49个OTU属于稀有类群。优势类群的平均相对丰度为59.11%，稀有类群的平均相对丰度是29.38%。不论是优势类群还是稀有类群，它们在不同采样点的相对丰度存在明显的变化，优势类群的相对丰度沿水流方向逐渐降低，而稀有类群的相对丰度沿水流方向则呈现升高的趋势（图2-14）。

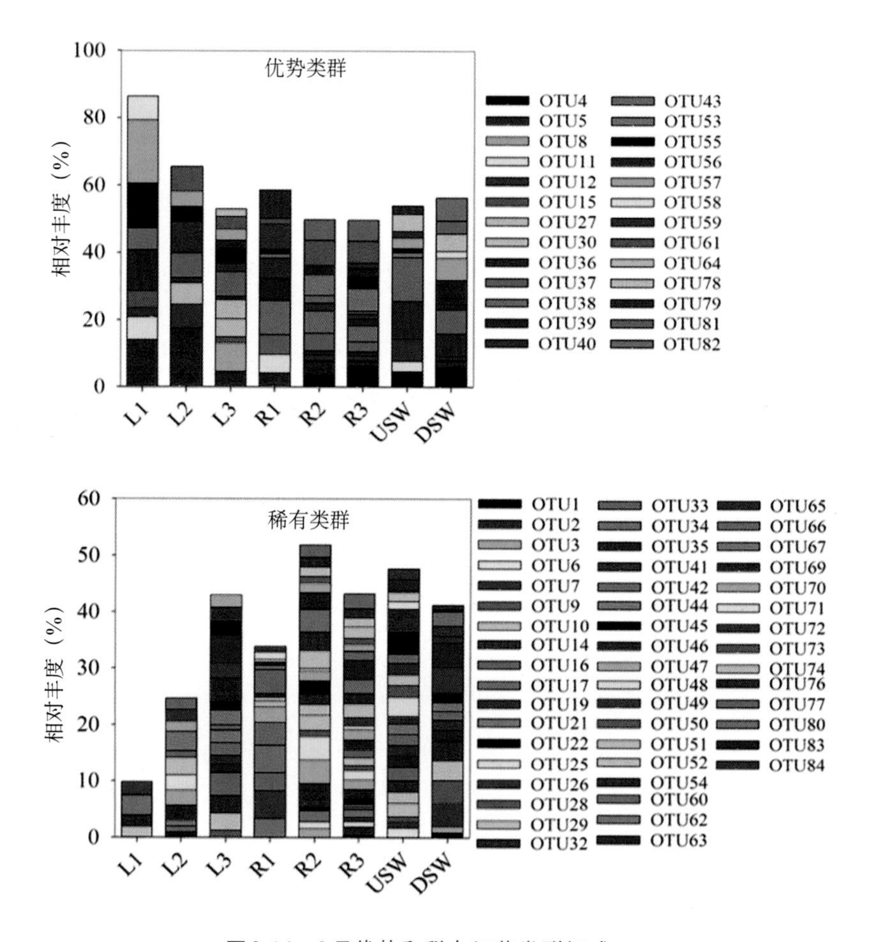

图2-14 9月优势和稀有细菌类群组成

整个群落和稀有类群的4个α多样性指数沿水流方向从上游到下游逐渐增大，但是在渗流水中除了整个群落的OTUs有显著差异外其他指数均差异不明显（图2-15）。优势类群中L2的OTU个数显著低于L1的OTU个数，但是整体的趋势也是沿水流方向逐渐增加，且DSW中的多样性比USW中的多样性高（图2-15）。

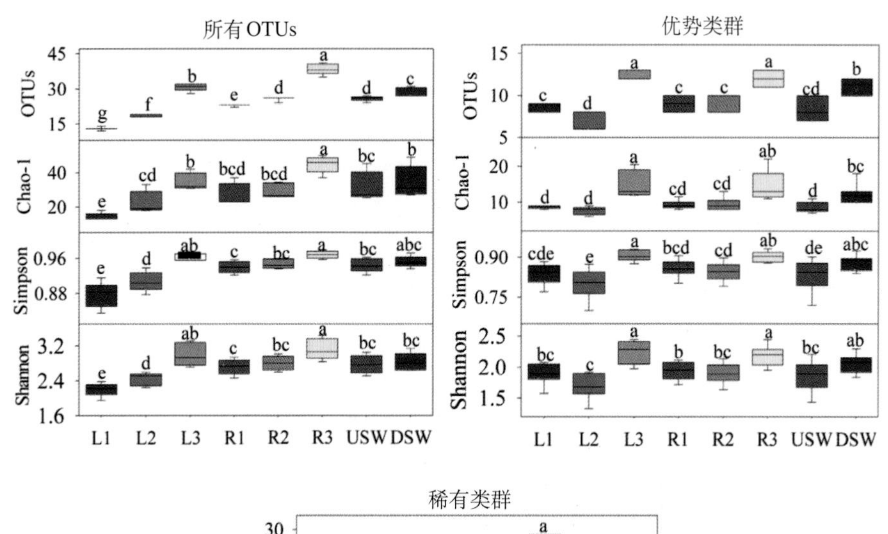

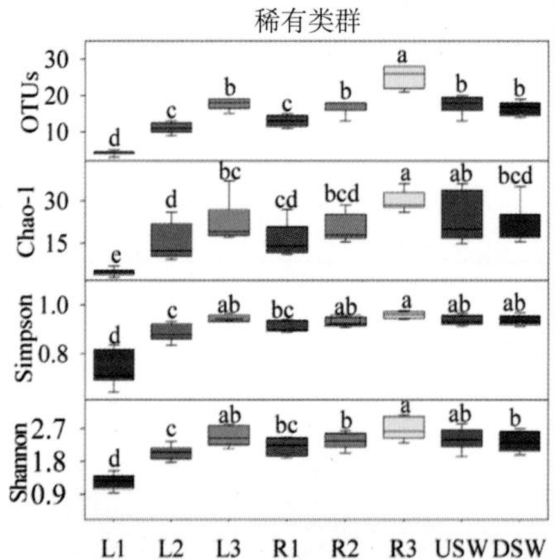

图2-15 9月8个采样点细菌群落的α多样性指数

细菌群落的拷贝数在左侧沿水流方向逐渐增加，在右侧却是在R2中的拷贝数最大，在USW和DSW中没有显著差异（图2-16）。细菌群落的拷贝数与TC和TOC浓度显著正相关性；pH、NO_3^-和NO_2^-浓度与整个群落的α多样性指数显著负相关性，TC和PCNM1与整个群落的α多样性指数显著正相关；T、pH、NO_3^-、NO_2^-、和Cu浓度与稀有类群的α多样性指数显著负相关，与NH_4^+和Zn浓度显著正相关性；已测的理化因子与优势类群的α多样性指数均没有显著相关性（表2-14）。优势和稀有类群的生态位宽度也存在一定的差异，优势类群的生态位宽度大于稀有类群的生态位宽度（图2-17）。

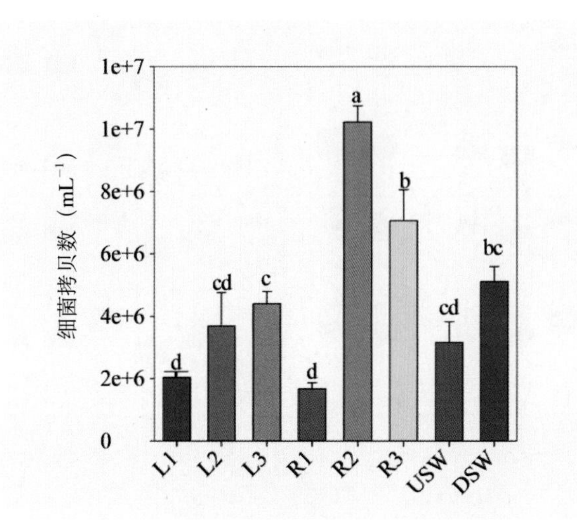

图2-16 9月细菌群落拷贝数

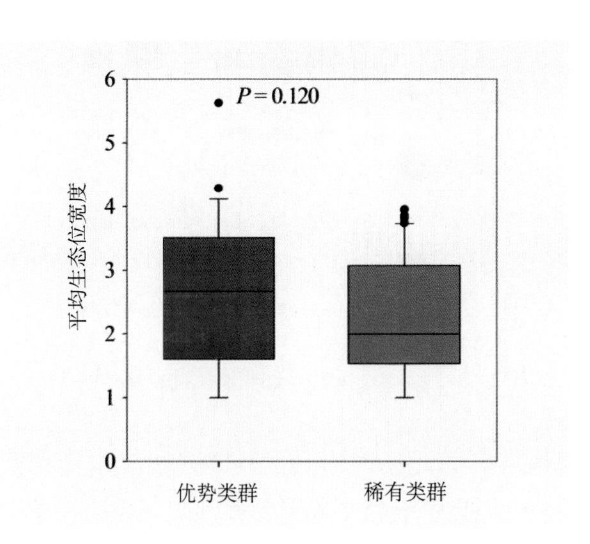

图2-17 优势和稀有类群的生态位宽度

不同采样点的细菌群落具有不同的空间分布格局（图2-18，表2-15）。在整个群落中，8个采样点大致可以分为5组（R1、L2；R2、R3；L1；L3；USW和DSW）。对于优势类群来说，8个采样点可以分为4组（L1、L2、L3；R1、R2；R3、USW；DSW）。稀有类群中的8个采样点主要也可分为4个大的类群（L1、L2；R1、R2；R3、L3、SUW；DSW）（图2-18）。

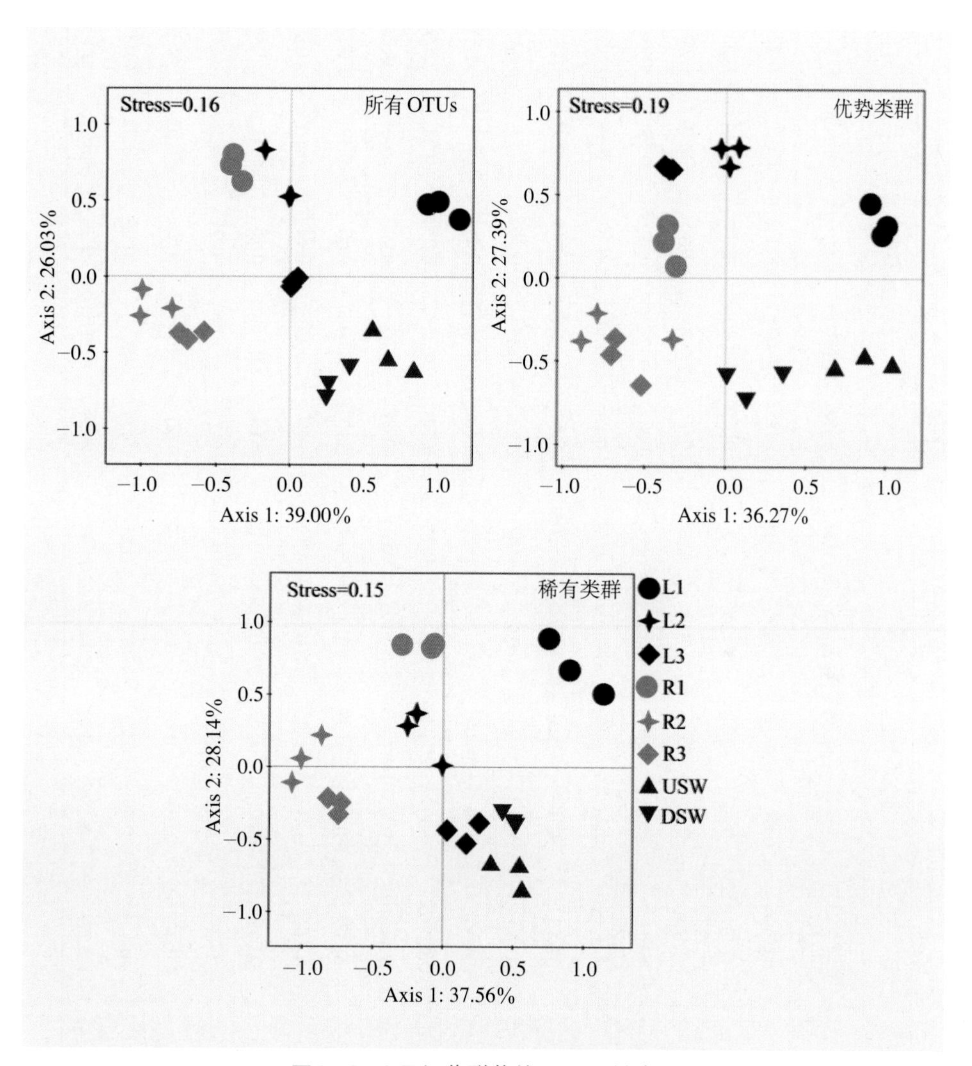

图2-18　9月细菌群落的NMDS排序图

表 2-14 水体理化参数与9月细菌群落 α 多样性指数的相关性

参数	16S rDNA 拷贝数	所有 OTUs				优势类群				稀有类群			
		OTUs	Chao-1	Simpson	Shannon	OTUs	Chao-1	Simpson	Shannon	OTUs	Chao-1	Simpson	Shannon
T	0.07	0.01	−0.01	−0.05	−0.19	0.09	0.02	−0.05	0.02	−0.52**	−0.53**	−0.42*	−0.49*
pH	−0.12	−0.13	−0.33	−0.42*	−0.24	−0.15	−0.20	−0.18	−0.14	−0.53**	−0.56**	−0.57**	−0.49*
DO	−0.18	−0.17	0.06	0.10	−0.27	−0.07	−0.13	−0.13	−0.16	−0.04	−0.02	−0.02	−0.06
EC	0.33	0.30	0.05	−0.01	0.35	0.20	0.26	0.17	0.22	0.20	0.11	0.08	0.27
NO_3^-	−0.19	−0.20	−0.47*	−0.61**	−0.32	−0.18	−0.17	−0.20	−0.18	−0.50*	−0.53**	−0.53**	−0.47*
NO_2^-	0.03	0.01	−0.21	−0.37	−0.50*	−0.01	−0.04	−0.05	−0.02	−0.46*	−0.56**	−0.48*	−0.43*
NH_4^+	0.13	0.21	0.26	0.28	0.08	0.17	0.17	0.26	0.21	0.63**	0.63**	0.59**	0.63**
TC	0.41*	0.39	0.48*	0.41*	0.22	0.25	0.34	0.25	0.25	0.26	0.22	0.29	0.28
TOC	0.43*	0.39	0.24	0.10	0.18	0.27	0.35	0.25	0.26	0.09	−0.03	0.05	0.14
IC	0.08	0.09	0.31	0.30	−0.03	−0.01	0.03	0.04	−0.01	0.12	0.14	0.18	0.12
SO_4^{2-}	−0.02	−0.05	−0.27	−0.31	−0.23	0.10	0.04	0.07	0.12	−0.34	−0.39	−0.36	−0.29
As	0.31	0.31	0.11	0.00	0.12	0.10	0.13	0.14	0.16	0.05	−0.09	−0.05	0.08
Cd	0.06	0.02	−0.07	0.07	−0.05	0.19	0.16	0.18	0.11	−0.08	−0.21	−0.04	−0.14
Cu	−0.22	−0.22	−0.34	−0.34	−0.12	−0.20	−0.28	−0.25	−0.23	−0.45*	−0.40	−0.42*	−0.48*
Pb	−0.07	−0.05	−0.09	−0.04	−0.18	0.00	−0.06	0.06	−0.02	−0.10	−0.23	−0.02	−0.10
Zn	−0.13	−0.09	0.23	0.28	0.21	−0.04	0.01	−0.06	−0.02	0.47*	0.58**	0.46*	0.43*
PCNM1	−0.27	−0.25	−0.27	−0.22	0.66**	−0.34	−0.26	−0.36	−0.33	0.12	0.17	0.03	0.14

表2-15 9月细菌群落的PERMANOVA分析结果

分类	所有OTUs			优势类群			稀有类群		
	F	R^2	*P*	*F*	R^2	*P*	*F*	R^2	*P*
组别	11.11	0.83	0.001	13.09	0.85	0.001	7.85	0.78	0.001

零模型分析结果表明，影响9月不同细菌群落分布格局的主要驱动力是环境选择，但是不同采样点的细菌群落受到的选择强度不同，总体的变化趋势是从上游到下游选择强度逐渐变小。DSW的零偏差值大于SUW的零偏值，说明USW中细菌群落受到的选择强度较大（图2-19）。

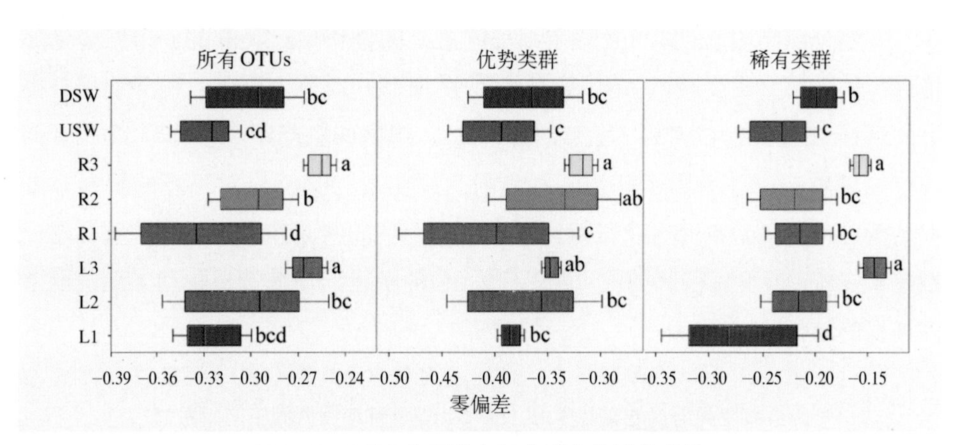

图2-19 9月8个采样点细菌群落的零偏差值

db-RDA结果表明，对整个群落有显著影响的因子共6个，根据解释率的大小排序分别是TOC、pH、NO_2^-、NH_4^+、Cu和As；对优势类群有显著影响的环境因子也是6个分别是TOC、pH、NO_2^-、NH_4^+、Cu和As；对稀有类群有显著影响的6个环境因子分别是As、NH_4^+、TOC、NO_2^-、Zn和Cu（表2-16）。对整个群落、优势和稀有类群结构都有显著影响的环境因子是TOC、NH_4^+、NO_2^-、As和Cu，说明碳、氮和重金属是影响9月细菌群落结构多样性的主要因子。

表2-16 前选择结果中对9月细菌群落结构有显著影响的环境因子

所有 OTUs			优势类群			稀有类群		
环境因子	解释率（%）	*P*	环境因子	解释率（%）	*P*	环境因子	解释率（%）	*P*
TOC	13.6	0.002	TOC	14.5	0.002	As	12.5	0.002
pH	12.8	0.002	pH	13.5	0.002	NH_4^+	9	0.002
NO_2^-	9.4	0.004	NO_2^-	9.9	0.006	TOC	8.9	0.002
NH_4^+	9.1	0.002	NH_4^+	9.4	0.002	NO_2^-	8.6	0.002
Cu	6.4	0.004	Cu	7.2	0.002	Zn	6.1	0.012
As	6.3	0.014	As	6.9	0.012	Cu	5.7	0.01

方差分解结果表明，9月整个细菌群落、优势和稀有类群的分布格局是环境选择的结果（表2-17）。单独的环境因子（E|S）对整个群落、优势和稀有类群的解释率分别是43.4%、47.7%和32.5%；单独的空间距离（S|E）对三者均没有显著影响；环境因子和空间距离的交互作用（E×S）对三者的解释率分别是5.0%、5.0%和3.6%；环境因子和空间距离的共同作用对三者的解释率分别是47.7%、51.9%和36.3%（表2-17）。总的来说，环境选择驱动了细菌群落多样性的维持。

表2-17 单独的环境因素（E|S）、单独的空间因素（S|E）、环境因素和空间因素的交互作用（E×S）以及环境因素和空间因素的总和（E+S）对9月细菌群落分布格局解释率的方差分解结果

参数	所有 OTUs			优势类群			稀有类群		
	解释率（%）	*F*	*P*	解释率（%）	*F*	*P*	解释率（%）	*F*	*P*
E|S	43.4	3.6	0.002	47.7	4.1	0.002	32.5	2.6	0.002
S|E	–0.7	0.8	0.694	–0.8	0.7	0.69	0.2	1.1	0.364
E×S	5.0	–	–	5.0	–	–	3.6	–	–
E+S	47.7	3.6	0.002	51.9	4.1	0.002	36.3	2.6	0.002

2.5.5 12月细菌群落的多样性格局

整个群落共有82个OTU，其中25个OTU属于优势类群，53个OTU属于稀有类群。优势类群的平均相对丰度是65.15%，且在上游采样点（L1和R1）

的相对丰度较高，优势类群是整个群落的重要组成部分；稀有类群的平均相对丰度是22.23%。不论是优势类群还是稀有类群，它们在不同采样点的相对丰度存在明显的变化（图2-20）。

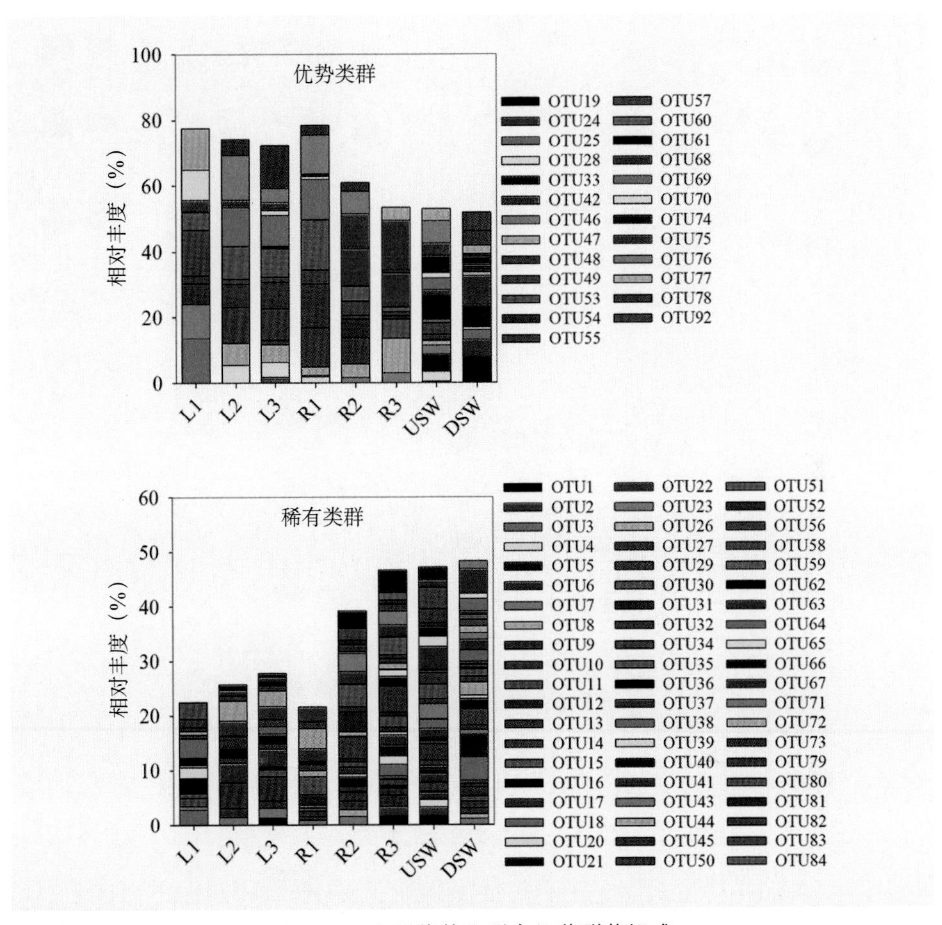

图2-20　12月优势和稀有细菌群落组成

整个群落和稀有类群的4个α多样性指数沿水流方向从上游到下游逐渐增大，在DSW中最大（图2-21）。优势类群的α多样性指数在左侧也是沿水流方向逐渐增大，在右侧则表现为递减的趋势，在USW和DSW中没有显著变化（图2-21）。

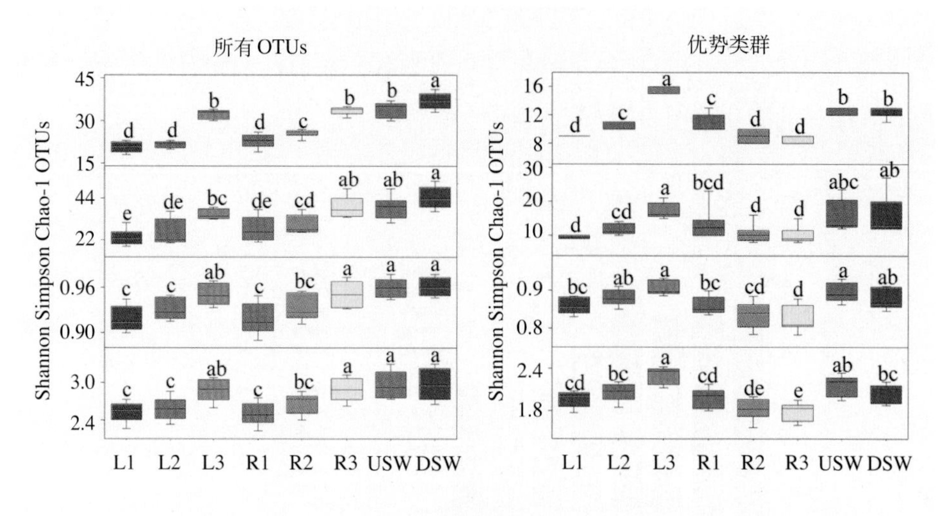

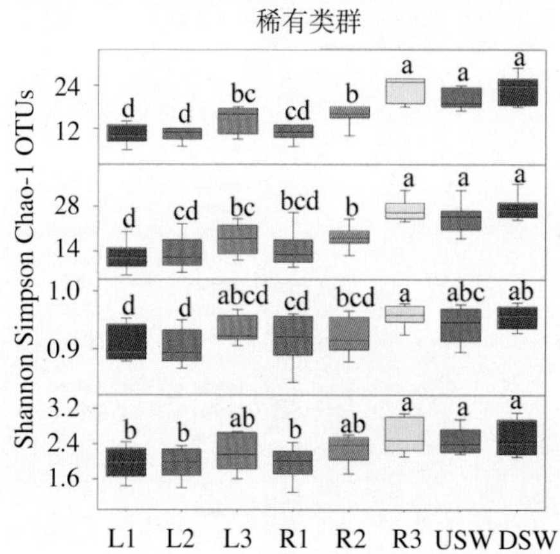

图2-21　12月8个采样点细菌群落的α多样性指数

细菌群落的拷贝数在不同采样点也有明显的不同，在L侧沿水流方向逐渐增加，在R侧则没有显著的变化，细菌群落的拷贝数在DSW最大（图2-22）。优势类群的生态位宽度显著高于稀有类群的生态位宽度，说明优势类群的分布范围更广（图2-23）。

细菌群落的多样性变化趋与水体理化参数有显著相关性（表2-18），EC、NO_3^-、NO_2^-、NH_4^+和SO_4^{2-}浓度与细菌拷贝数显著负相关性，IC浓度与细菌拷贝数显著正相关。不同理化因子与整个群落、优势和稀有类群α多样性指数

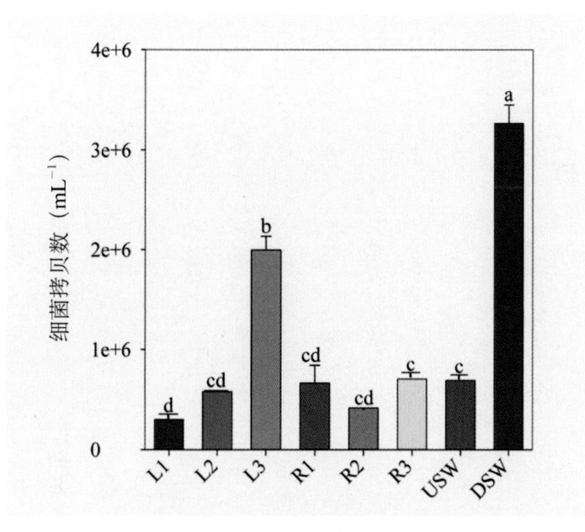

图2-22　12月细菌群落拷贝数

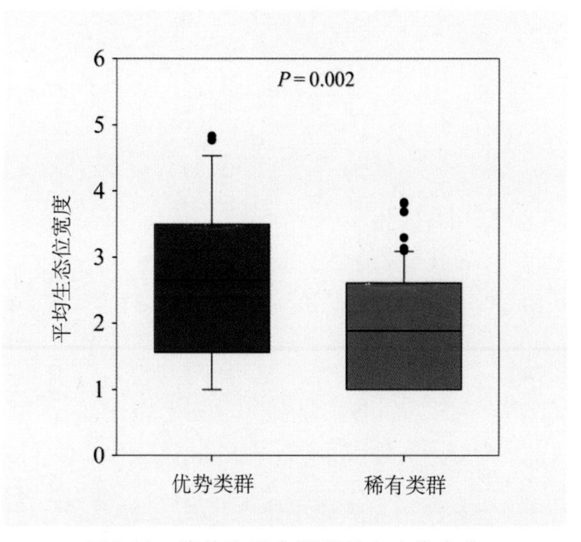

图2-23　优势和稀有类群的生态位宽度

的相关性存在差异，其中pH、EC、NO_3^-、NO_2^-、NH_4^+和SO_4^{2-}浓度与整个群落和稀有类群的4个α多样性指数显著负相关，而IC浓度与它们显著正相关；EC和NO_3^-的浓度与优势类群的多样性指数显著负相关，TC、IC和Cu浓度与优势类群的多样性指数显著正相关；PCNM1与细菌群落α多样性指数没有显著的相关性（表2-18）。

表2-18 水体理化参数与12月细菌群落α多样性指数的相关性

参数	所有 OTUs					优势类群				稀有类群			
	16S rDNA 拷贝数	OTUs	Chao-1	Simpson	Shannon	OTUs	Chao-1	Simpson	Shannon	OTUs	Chao-1	Simpson	Shannon
T	0.04	0.12	0.15	−0.01	0.03	−0.15	−0.04	−0.34	−0.36	0.24	0.28	0.09	0.19
pH	−0.43	−0.58**	−0.62**	−0.55**	−0.46*	−0.35	−0.44*	−0.11	−0.11	−0.52*	−0.53**	−0.50*	−0.43*
DO	0.04	0.20	0.19	0.28	0.20	0.03	0.06	−0.09	−0.08	0.25	0.29	0.17	0.22
EC	−0.63**	−0.55**	−0.49*	−0.70**	−0.65**	−0.54**	−0.56**	−0.54**	−0.54**	−0.42*	−0.45*	−0.24	−0.43*
NO_3^-	−0.78**	−0.72**	−0.68**	−0.87**	−0.77**	−0.68**	−0.73**	−0.65**	−0.64**	−0.55**	−0.59**	−0.47*	−0.52**
NO_2^-	−0.59**	−0.82**	−0.77**	−0.90**	−0.84**	−0.42*	−0.49*	−0.31	−0.32	−0.76**	−0.78**	−0.61**	−0.72**
NH_4^+	−0.46*	−0.51*	−0.46*	−0.70**	−0.62**	−0.33	−0.37	−0.40	−0.37	−0.46*	−0.48*	−0.33	−0.47*
TC	0.35	0.37	0.33	0.51*	0.48*	0.55**	0.50*	0.65**	0.66**	0.21	0.17	0.26	0.23
TOC	0.03	−0.20	−0.25	−0.21	−0.17	−0.10	−0.14	0.00	−0.01	−0.21	−0.23	−0.34	−0.14
IC	0.62**	0.74**	0.79**	0.77**	0.72**	0.62**	0.67**	0.44*	0.44*	0.63**	0.62**	0.66**	0.56**
SO_4^{2-}	−0.68**	−0.79**	−0.74**	−0.90**	−0.82**	−0.38	−0.47*	−0.35	−0.33	−0.73**	−0.73**	−0.63**	−0.71**
As	0.30	0.36	0.36	0.40	0.44*	0.43*	0.35	0.37	0.40	0.28	0.32	0.25	0.21
Cd	−0.22	−0.27	−0.26	−0.22	−0.18	−0.11	−0.21	−0.06	−0.02	−0.22	−0.16	−0.35	−0.21
Cu	0.13	0.04	0.02	0.05	0.17	0.37	0.24	0.38	0.43*	−0.05	−0.02	−0.10	−0.08
Pb	0.11	0.07	0.10	0.01	0.09	0.20	0.16	0.23	0.27	0.01	−0.04	0.10	0.00
Zn	−0.06	−0.01	−0.16	0.00	0.10	0.24	0.05	0.35	0.40	−0.13	−0.20	−0.03	−0.06
PCNM1	−0.22	0.00	−0.10	0.12	0.09	−0.36	−0.32	−0.24	−0.29	0.13	0.10	−0.08	0.21

从NMDS和PERMANOVA分析结果（图2-24，表2-19）可以看出，不同采样点细菌群落的分布格局存在一定的相异性。整个群落主要分为3组（L1、DSW；R2、R3、USW；R1、L2、L3），聚在一起的类群具有相似的空间格局；优势类群可分为3组（R1、L2、L3；R2、R3、L1、USW；DSW）；稀有类群可分为4组（R1、L2、L3；USW、R2、R3；DSW；L1）（图2-24）。

表2-19 12月细菌群落的PERMANOVA分析结果

分类	所有OTUs			优势类群			稀有类群		
	F	R^2	P	F	R^2	P	F	R^2	P
组别	14.77	0.87	0.001	15.25	0.87	0.001	12.72	0.85	0.001

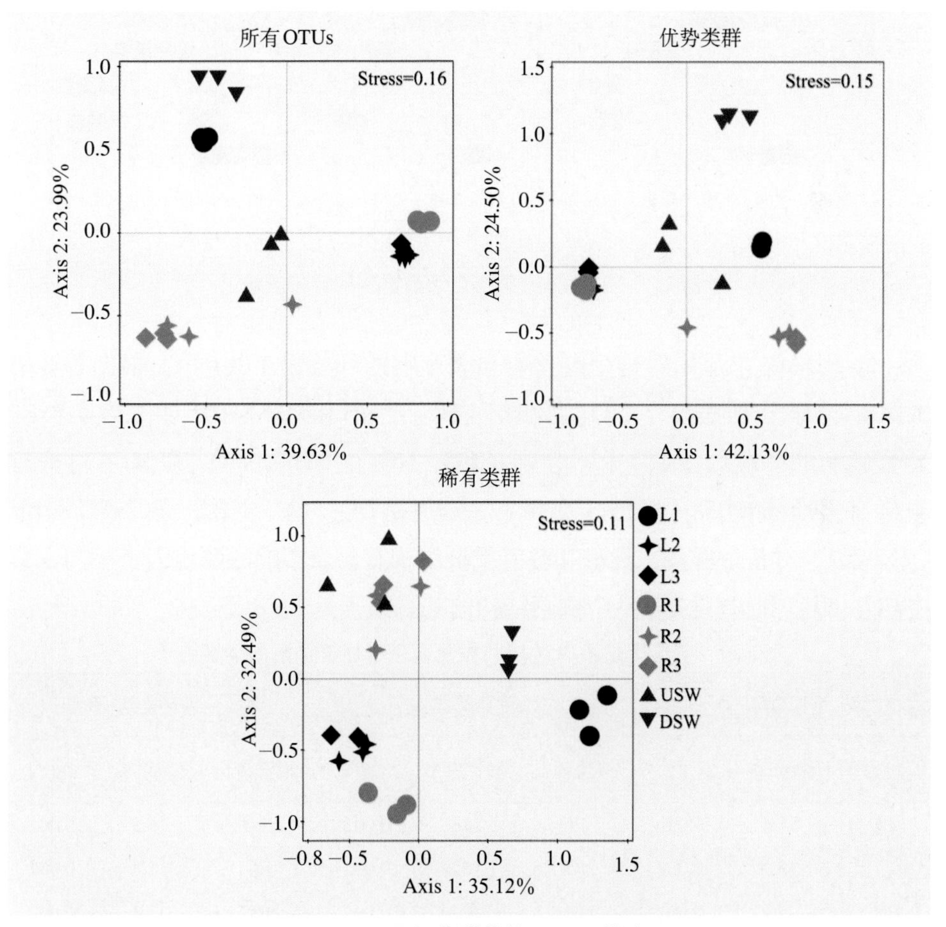

图2-24 12月细菌群落的NMDS排序图

零模型分析结果表明，影响12月细菌群落多样性格局的主要驱动力是环境选择，但是在不同采样点细菌群落受到的选择强度不同。在L侧从上游到下游选择强度逐渐变小，在R侧则没有显著变化。SUW和DSW中的细菌群落受到的选择力在整个群落和优势类群中也存在差异，DSW零偏差的绝对值显著大于SUW零偏差的绝对值，但是在稀有类群中它们没有显著差异（图2-25）。

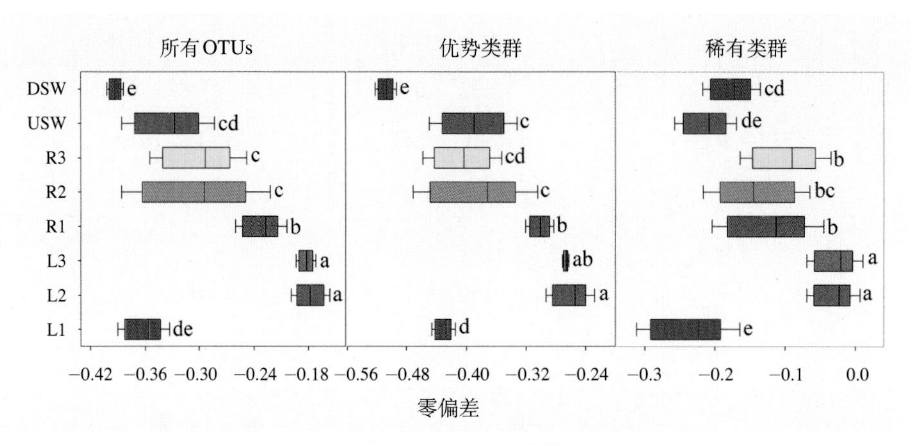

图2-25　12月8个采样点细菌群落的零偏差值

db-RDA结果显示对整个群落有显著影响的环境因子共6个，根据解释率的大小排序分别是EC、NO_3^-、NH_4^+、NO_2^-、pH和PCNM1；对优势类群有显著影响的环境因子共5个，分别是EC、NO_3^-、NH_4^+、NO_2^-和pH；对稀有类群有显著影响的环境因子是8个，分别是DO、EC、NH_4^+、PCNM1和pH（表2-20）。对整个群落、优势和稀有类群结构有显著影响的环境因子不同，其中EC、NH_4^+和pH是影响3个群落结构的共有因子。

表2-20　前选择结果中对12月细菌群落有显著影响的环境因子

所有OTUs			优势类群			稀有类群		
环境因子	解释率%	*P*	环境因子	解释率%	*P*	环境因子	解释率%	*P*
EC	18.4	0.002	EC	23.9	0.002	DO	16.3	0.002
NO_3^-	15.2	0.002	NO_3^-	15.2	0.002	EC	12.4	0.002
NH_4^+	11.9	0.002	NH_4^+	11.3	0.004	NH_4^+	11.4	0.002

（续）

所有 OTUs			优势类群			稀有类群		
环境因子	解释率%	*P*	环境因子	解释率%	*P*	环境因子	解释率%	*P*
NO_2^-	10.0	0.002	NO_2^-	9.8	0.004	PCNM1	7.3	0.004
pH	6.6	0.002	pH	6.4	0.008	pH	5.8	0.008
PCNM1	3.7	0.026						

方差分解结果表明，12月整个细菌群落和稀有类群的分布格局是环境选择和扩散限制共同作用的结果，但是环境因子的解释率显著高于空间距离的解释率，而优势类群的分布格局是环境选择的结果（表2-21）。单独的环境因子（E|S）对整个群落、优势和稀有类群的解释率分别是48.1%、54.3%和34.1%；单独的空间距离（S|E）对三者的解释率分别是2.2%、2.0%和5.6%；环境因子和空间距离的交互作用（E×S）对它们的解释率分别是3.5%、3.0%和0.5%；环境因子和空间距离共同作用对三者的解释率分别是53.7%、59.3%和40.2%（表2-21）。

表2-21　单独的环境因素（E|S）、单独的空间因素（S|E）、环境因素和空间因素的交互作用（E×S）以及环境因素和空间因素的总和（E+S）对12月细菌群落分布格局解释率的方差分解结果

参数	所有OTUs			优势类群			稀有类群		
	解释率 %	*F*	*P*	解释率%	*F*	*P*	解释率%	*F*	*P*
E|S	48.1	5.6	0.002	54.3	6.9	0.002	34.1	4.1	0.002
S|E	2.2	1.8	0.04	2.0	1.9	0.072	5.6	2.8	0.004
E×S	3.5	–	–	3.0	–	–	0.5	–	–
E+S	53.7	5.4	0.002	59.3	6.6	0.002	40.2	4.1	0.002

2.5.6 细菌群落多样性格局的季节动态

细菌群落的拷贝数在7月和9月显著高于5月和12月，而OTUs、Simpson和Shannon指数在4个月份间没有显著差异，Chao-1指数在7月最大在5月最小（表2-22）。不同月份细菌群落拷贝数的变化与T、TOC、NH_4^+、Cu、Pb和

DO浓度有显著相关性；Chao-1指数的变化主要与TOC、Cu和DO浓度有显著相关性（图2-26）。

表2-22　4个月份细菌群落的α多样性指数

	OTUs	Chao-1	Simpson	Shannon	16S rDNA 拷贝数/mL
5月	58.33±3.84b	89.87±10.11b	0.96±0.01a	3.40±0.07a	$1.89\times10^5\pm2.23\times10^4$b
7月	88.33±13.64a	150.83±2.68a	0.97±0.00a	3.62±0.02a	$4.67\times10^6\pm4.74\times10^5$a
9月	84.13±13.09a	138.00±20.23ab	0.96±0.01a	3.61±0.11a	$4.67\times10^6\pm5.83\times10^5$a
12月	91.67±12.88a	110.63±19.12ab	0.96±0.01a	3.66±0.19a	$1.08\times10^6\pm2.03\times10^5$b

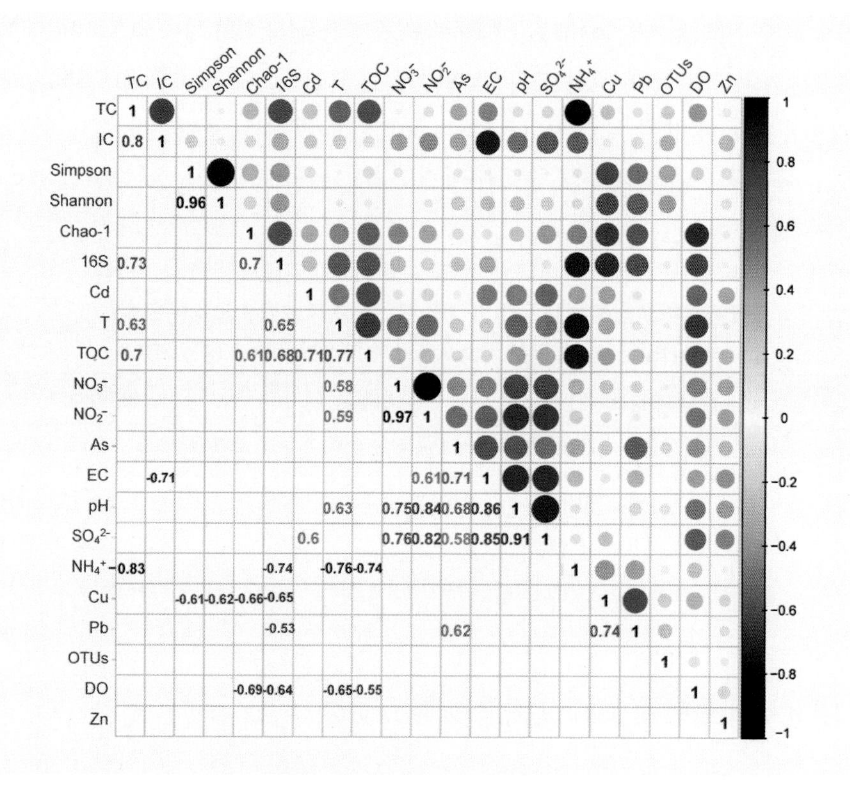

图2-26　水体理化参数与4个月份细菌群落α多样性指数的相关性

注：数字代表显著性相关系数，图中圆圈的颜色越深面积越大意味着相关性越强；红色表示负相关，蓝色表示正相关，下同。

从NMDS排序图可以看出不同季节的细菌群落具有不同的空间格局（图2-27），且每个季节间存在显著的差异。通过零模型分析表明不同季节细菌群落的空间分布格局是环境选择的结果，且选择强度相似（图2-28）。

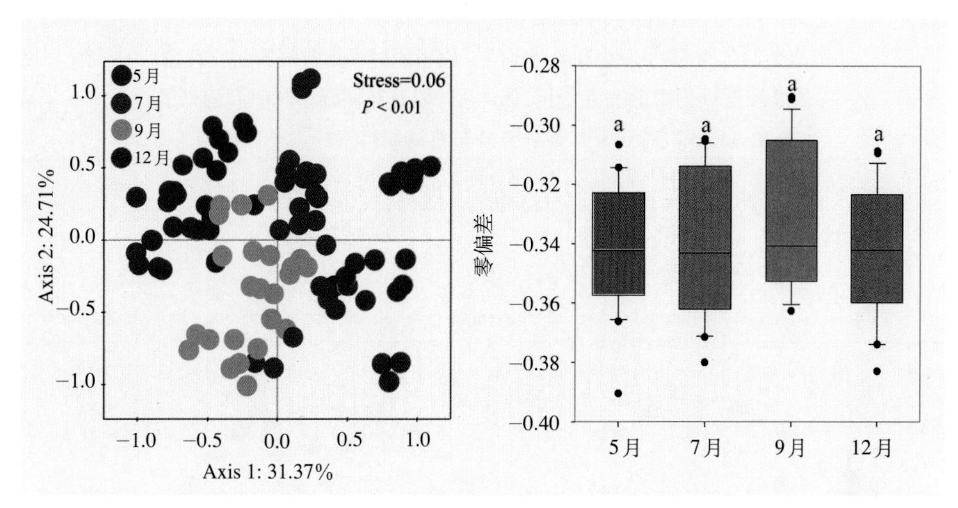

图2-27 4个月份细菌群落的NMDS排序图　　图2-28 4个月份细菌群落的零偏差值图

通过RDA前选择筛选出的影响细菌群落分布格局季节动态的因子分别是Temporal、NH_4^+、EC、NO_3^-、As、pH、IC、DO、T和NO_2^-（表2-23）。可以看出季节变化对群落结构的影响最大。

表2-23 前选择结果中对细菌群落结构季节变化有显著影响的因子

参数	季节	NH_4^+	EC	NO_3^-	As	pH	IC	DO	T	NO_2^-
解释率 %	5.4	4.3	3.8	3.1	2.6	2.3	2.2	2.2	2	1.9
P	0.007	0.006	0.005	0.004	0.004	0.003	0.003	0.003	0.003	0.003

方差分解结果表明细菌群落分布格局的季节变化是由于季节变化引起环境变化的结果（表2-24）。单独的环境因子（E|T）对群落分布格局季节动态的解释率是17.1%；单独的季节变化（T|E）对群落结构变化的解释率是3.1%；环境因子和季节变化的交互作用（E × T）对群落结构变化的解释率是1.4%；环境因子和季节变化共同作用（E+T）对群落结构变化的解释率是21.5%

(表2-24)。总的来说虽然环境选择是引起细菌群落季节分布格局多样性的主要驱动力，但是总的解释率较低，这可能是由于种间相互作用削弱了环境选择的强度（图2-29)。不同季节群落间的种间相互作用强度也不同，其中在5月细菌群落的种间作用最小，而7月和12月种间作用强度较大，种间关系较复杂（图2-29)。

表2-24　单独的环境因素（E|T）、单独的时间因素（T|E）、环境因素和时间因素的交互作用（E × T）以及环境因素和时间因素的总和（E+T）对细菌群落季节分布格局解释率的方差分解结果

参数	E|T	T|E	E×T	E+T
解释率%	17.1	3.1	1.4	21.5
F	3.3	4.4	-	3.6
P	0.002	0.002	-	0.002

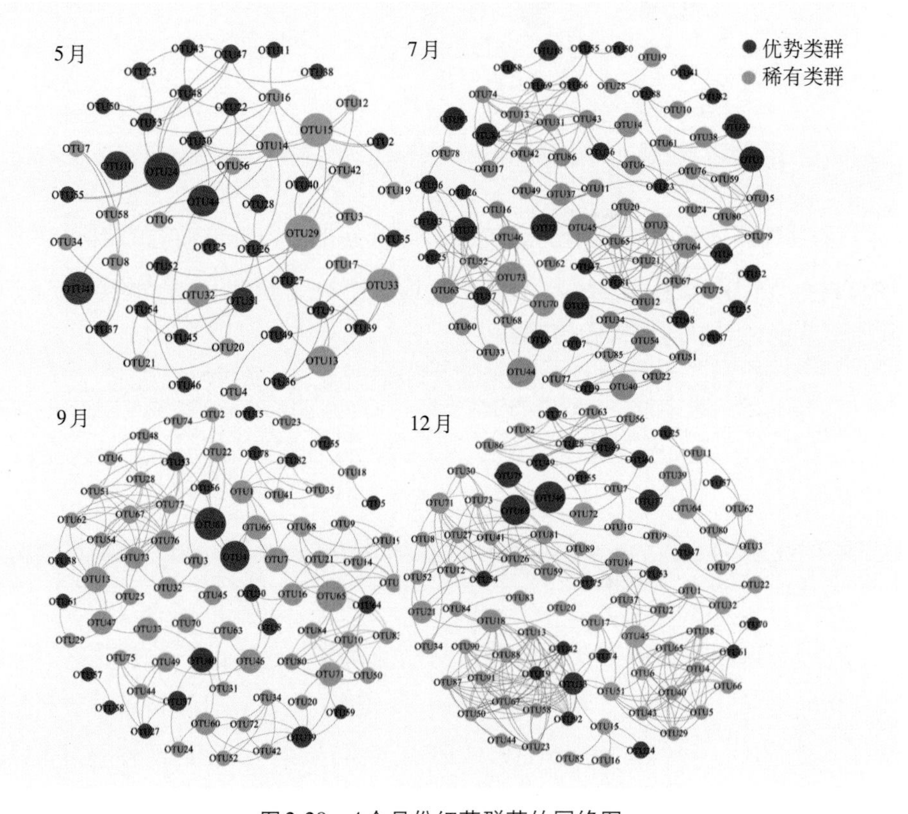

图2-29　4个月份细菌群落的网络图

注：红线表示正相关，绿线表示负相关，OTU间的连线越多表示种间关系越复杂，下同。

2.6 讨论

2.6.1 5月细菌群落的多样性格局及其影响因素

不同采样点细菌群落的组成存在差异，对于稀有类群来说这种差异性在尾矿库的左侧和右侧明显不同，在左侧稀有类群的相对丰度沿水流方向递增，在右侧则是在R1最大（图2-2）。这种差异性主要是由于在尾矿库的两侧存在明显的理化梯度，R1的EC、NO_3^-和NO_2^-浓度显著高于L1（表2-1），说明在R1中可能有更多的反硝化细菌类群，该推测在我们对反硝化细菌的研究中得到证实。因为在NO_3^-和NO_2^-浓度高的区域反硝化细菌群落的丰度也高[24]，微生物群落通过环境梯度的筛选，适应的类群保留下来并繁殖扩增，敏感的类群则灭绝[22]。在自然环境中，微生物群落由少数的优势物种和多数的稀有物种组成[44, 111]，但是在本研究中我们发现稀有类群的OTU个数少于优势类群的OTU个数（图2-2），这主要是由于DGGE的局限性引起的，由于变性胶长度的限制，有些结构类似且拷贝数低的DNA条带会重叠在一起，从而使稀有类群的OTU个数减少。细菌群落的拷贝数（图2-4）和α多样性（图2-3）在不同采样点也存在差异，总体的变化趋势是沿水流方向逐渐增加，这种变化趋势与水体理化参数的变化有显著的相关性（表2-6）。说明环境梯度对细菌群落的α多样性有显著的影响，这与多数研究结果一致[15, 22, 23]，但是优势和稀有类群的变化趋势不同（图2-3）。NH_4^+、As和Cu的浓度与优势和稀有类群α多样性的相关性相反（表2-6），这可能是造成它们变化格局不同的原因；另一方面生态位的差异（图2-5）也是造成二者α多样性变化趋势不同的重要原因[112]。

整个细菌群落、优势和稀有细菌类群的空间分布格局在不同采样点存在差异（图2-6，表2-7）。零模型分析结果表明，细菌群落空间分布格局的差异性是环境选择的结果，但是稀有细菌类群零偏差的绝对值要小一些（图2-7），说明环境选择对稀有细菌类群空间分布格局的影响小于优势细菌类群。Liao等[111]对云贵高原不同湖泊中的优势和稀有细菌类群的构建方式研究发现，优势和稀有类群的多样性分布格局都是环境选择的结果，环境选择对稀有类群多样性格局的影响更大。这与本文研究结果不同，造成这种差异的主要原因是研究区域和生境不同，细菌群落在不同生境中的适应机制不同[113]。Jiao等[114]对在不同石油污染梯度上的优势和稀有细菌类群研究发现，确定性过程驱动了优势细菌类群的演替过程，而随机过程驱动了稀有细菌类群的演替过程。这与本研究结果具有一定的相似性，优势类群中的物种占据较大的生态位（图2-5），能竞争性地利用多种资源，从而适应多种环境，即它们可能受到确定性过滤的强烈影响[114, 115]。由于稀有细菌类群的丰度小，因此很难从一个生境扩散到另一个生境，从而扩散限制对稀有类群的影响较大。对整个细菌群落和优势细菌类群有显著影响的最主要的环境因子是NO_2^-和pH，且对这2个群落有显著影响的7个理化因子相同（表2-8），说明整个细菌群落的多样性格局主要由优势细菌类群的多样性格局决定[114]。

2.6.2 7月细菌群落的多样性格局及其影响因素

群落中物种组成和丰度的变化，反映出不同物种对环境的适应机制不同，在尾矿的高污染生境中，环境选择决定了群落的多样性格局[41]。细菌群落的多样性变化趋势不论是在AMD[49, 116]还是AlkMD[22, 24]中都与环境梯度显著相关，本研究中在R1采样点优势细菌类群的丰度最大，且沿水流方向逐渐降低，而稀有细菌类群则呈现出相反的趋势（图2-8）。在R1有较高pH、NO_3^-、NO_2^-和SO_4^{2-}浓度的生境中，只有少数的硫酸盐还原菌和反硝化菌能够在这样的生境中存活，并成功定殖繁殖扩增成为优势类群[24]。整个细菌群落和稀有细菌类群的α多样性指数在左侧和右侧均表现为沿水流方向从上游到下游逐渐增加的趋势，但是优势细菌类群的α多样性指数只在左侧有这样的趋势（图2-9）。不论是左侧还是右侧细菌的拷贝数从上游到下游均逐渐增加，在DSW中达到最大值（图2-10）。这样的变化格局受水体理化参数变化的影响，pH、NO_3^-、NO_2^-、SO_4^{2-}和重金属浓度高的采样点细菌群落的拷贝数低，而TC和IC浓度高的采样点细菌群落的拷贝数高（表2-10），表明尾矿废水污染显著抑制了细菌群落的丰度。同时在高污染区域整个细菌群落和稀有细菌类群的α多样性受到高浓度NO_3^-、SO_4^{2-}和重金属（Cu和Zn）的明显抑制，但是对于优势细菌类群来说则表现为促进的作用（表2-10），表明优势细菌类群对尾矿废水污染有较好的适应性。有意思的是，重金属As和Cd也与优势细菌类群的α多样性显著正相关（表2-10），这种现象在其他研究中也存在[117]，这样的结果主要是因为本研究区域的尾矿废水是碱性的（pH>8），重金属离子在碱性环境中会形成沉淀或络合物，生物毒性大大减小[118]。

在不同采样点，整个细菌群落、优势和稀有细菌类群的空间格局存在差异（图2-12，表2-11），环境选择是影响细菌群落空间分布格局多样性的主要驱动力（图2-13，表2-13）。虽然对整个细菌群落而言，对优势和稀有细菌类群有显著影响的环境因子不完全相同，但是对整个细菌群落以及优势细菌类群影响最大的因子相同（表2-12）。该结果表明整个细菌群落的空间格局是由优势细菌类群的空间格局决定的，而稀有细菌类群中的一些类群与某些特定的功能相关[44]，对维持细菌群落功能多样性至关重要[114]。空间距离（PCNM1）对整个细菌群落结构和稀有细菌类群结构也有显著影响（表2-13），表明在群落构建过程中扩散限制也是重要的影响因素，虽然不同采样点之间（除了USW和DSW）是连续的，该结果的形成可能是由于物种在扩散过程中已经通过环境选择被筛选掉了。

2.6.3 9月细菌群落的多样性格局及其影响因素

优势细菌类群的相对丰度沿水流方向逐渐减小，而稀有细菌类群的相对丰度则逐渐增加，在左侧这种变化尤为明显（图2-14）。L1水体中较高的NO_3^-、NO_2^-和SO_4^{2-}浓度（表2-3），可能是影响群落组成变化的重要因素，因为NO_3^-和NO_2^-浓度沿水流方向有明显的梯度，在这个过程中占优势地位的反硝化菌群主导的反硝化过程使氮含量减少[24]。细菌群落的丰度（图2-16）和α多样性（图2-15）沿水流方向从上游到下游逐渐增加，这是因为污染物浓度越高对细菌群落的抑制作用越显著（表2-14），研究表明尾矿废水的排放明显降低了细菌群落的丰富度和多样性[22, 24]。

整个细菌群落、优势和稀有细菌类群在不同采样点具有不同的空间分布格局（图2-18，表2-15），这种格局的形成是环境选择的结果，从上游到下游的选择强度逐渐减小，而在渗流水中差异不显著（图2-19）。该结果表明在高污染区域环境选择的强度更大，这也不难理解，因为细菌群落的抵抗力是有限的，一旦超过其耐受力就会死亡，只有少数物种存活下来。不论是包含多环芳烃的石油污染[114]，还是酸性[23, 47]或碱性[22, 24]的金属尾矿废水污染，都会造成细菌群落多样性格局的变化。对整个细菌群落、优势和稀有细菌类群结构有显著影响的环境因子都是7个，其中影响整个细菌群落和优势细菌类群的环境因子基本一致，除了解释率最低的碳（IC和TC）（表2-16）。对整个细菌群落和优势细菌类群结构影响最大的2个因子是TOC和pH，对稀有类群结构影响最大的2个因子是As和NH_4^+。TOC是多数细菌的能量来源，是反硝化过程中的电子供体[75]，在本研究区域反硝化细菌是细菌群落中的优势类群，因此TOC对整个细菌群落和优势细菌类群结构的影响显著[24]。很多研究已经证实，pH对细菌群落的多样性、丰富度和丰度都有显著的影响，尤其是在AMD中[41]。稀有细菌类群对重金属As的影响更敏感（表2-16），主要是由于稀有类群的丰度低，群落的抵抗力和恢复力都较弱，因此即使在碱性环境中，重金属的毒性也会引起群落结构的变化。NH_4^+是固氮过程的中间产物，NH_4^+的浓度对稀有细菌类群结构的显著影响，表明稀有细菌类群在固氮过程中发挥重要作用，相似的结果在酸性尾矿废水中的稀有类群中也存在[44]。

2.6.4 12月细菌群落的多样性格局及其影响因素

环境条件决定了细菌群落的组成和结构[15, 24, 119]，优势细菌类群在上游的相对丰度较高，但是稀有细菌类群的相对丰度却在R2和R3较高（图2-20），说明在尾矿库的两侧具有不同的环境条件，在L1氮污染更严重，pH更高（表2-4）。环境梯度对细菌群落的α多样性（图2-21）和丰度（图2-22）都造成一定程度的影响（表2-18）。氮和SO_4^{2-}与细菌群落的拷贝数显著负相关，而IC与细菌拷贝数显著正相关；pH、氮和SO_4^{2-}与细菌群落以及优势和稀有类群的α多样性显著负相关，IC与它们显著正相关。说明优势和稀有细菌类群α多样性的变化趋势具有相似性。在上游和下游渗流水中细菌群落的α多样性没有显著的差异，且多样性较高（图2-21），说明经过尾矿坝的过滤渗流水中的污染物浓度明显降低，因此细菌群落的多样性增高[24]。

不同采样点细菌群落的空间分布在整个细菌群落、优势和稀有细菌类群中均有显著差异（表2-19），这种差异性是环境选择的结果（图2-24）。EC和

NO_3^-是对整个细菌群落和优势细菌类群影响最显著的2个因子，DO和EC是影响稀有细菌类群最重要的2个因子（表2-20）。虽然环境选择的相对作用更强，但是PCNM1对整个细菌群落和稀有细菌类群也有一定的影响，表明在群落构建过程中也存在扩散限制，尤其对稀有细菌类群的影响更明显（表2-21）。稀有细菌类群较小的丰度导致其很难扩散成功，因此随机作用对稀有类群多样性的变化影响更明显[114]。

2.6.5 细菌群落的季节动态及其影响因素

在温度较高的7月和9月，细菌群落的拷贝数显著高于5月和12月，OTUs和Chao-1指数在5月最小，但是Simpson和Shannon指数没有显著的变化（表2-22）。T、TOC、NH_4^+以及重金属浓度的变化对细菌群落的拷贝数影响显著，TOC、Cu和DO浓度变化对细菌群落的丰富度影响显著（图2-26）。多数细菌的最适温度是30 ~ 37℃，因此在温度较低的5月和12月细菌的丰度降低[120]。TOC作为细菌群落最重要的碳源，对群落多样性和组成有重要影响[75]。由于反硝化菌群落在本研究区的优势地位[24]，因此Cu和DO浓度与群落的丰富度显著相关[76]。

环境选择驱动了细菌群落空间分布格局的季节动态（图2-28）。季节变化以及NH_4^+、EC和NO_3^-浓度对群落结构的影响显著（表2-23），方差分解结果表明环境因子和季节变化对群落结构的影响都是显著的，其中环境因子的相对作用更大，但是总的解释率只有21.5%（表2-24）。造成这种结果可能的原因是物种间的相互作用关系（图2-29）。种间相互作用的强弱也是影响细菌群落多样性格局的重要因素[121]，竞争的强弱与可利用资源的多寡密切相关。

2.7 小结

我们的研究结果表明，在明显的尾矿废水污染梯度下，整个细菌群落以及优势和稀有细菌类群具有明显不同的α多样性和空间分布模式。环境选择是影响细菌群落多样性格局季节变化的最主要驱动力，但是扩散限制对5月、7月和12月细菌群落的空间分布也有影响。优势细菌类群的空间格局主要由局域环境过滤驱动；稀有细菌类群的空间格局是环境选择和扩散限制共同作用的结果，但是环境选择的相对作用更强。优势类群的空间格局主导了整个群落的分布，而稀有类群主要负责物种的积累，影响群落的α多样性。因此，优势和稀有细菌类群对整个细菌群落的多样性格局都至关重要，在研究中要加以区分。

3 细菌群落的空间格局及其适应机制

3.1 引言

微生物群落的丰度、组成和多样性会沿着环境梯度发生显著的变化[22, 122]，这些变化是环境对特定类群筛选的结果。了解微生物群落对环境适应性的主要目的是解释生态系统功能如何变化，最终预测生态系统对干扰的响应机制。通过研究那些在生物地球化学循环过程中编码关键酶的功能基因，可很好的揭示微生物群落对环境的响应策略[123]。微生物功能基因的丰度反映了在特定生境中功能类群的适应性。因此，建立群落结构与功能的联系已成为微生物生态学研究的主要目标[124]，同时，建立这种联系对预测群落和功能将如何应对环境变化尤为关键[125]。微生物群落的丰富度和组成的变化是对生境改变的响应[126]。研究表明，细菌群落的多样性，丰度和功能基因会沿着pH[41]、可利用能量[127, 128]、重金属含量[57, 101]、盐度[129]和温度梯度发生变化[130]。环境改变是一种选择策略，可导致敏感物种丧失从而对生态系统的功能产生连锁效应[131]。由于微生物群落的组成和功能基因丰度会受到pH、盐度、金属浓度和可用能量的强烈影响，因此我们推测碱性铜尾矿废水中的微生物群落的组成和功能类群（AlkMD）将沿着环境梯度发生变化。

尾矿废水中氮的污染源主要来自于矿山开采过程中炸药的使用、选矿过程中含氮药物的使用以及雨水对周边土壤的冲刷和淋溶。废水中过量的氮主要通过微生物的反硝化过程去除，反硝化过程也是微生物在氮污染生境中获得能量的重要途径。反硝化过程是一个被硝酸盐还原酶、亚硝酸盐还原酶、一氧化氮还原酶和一氧化二氮还原酶催化的连续反应，通过亚硝酸盐（NO_2^-）、一氧化氮（NO）和一氧化二氮（N_2O）的中间体最终将硝酸盐（NO_3^-）还原为氮气（N_2）。反硝化过程在多种环境中存在，如废水[132, 133]、草地[134, 135]、湖泊、农田[136, 137]和底泥[138]，但是目前为止还未见在AlkMD中的报道。由于细菌在反硝化作用中起着核心作用，因此了解哪些因素影响AlkMD中反硝化功能基因的丰度变化至关重要。

微生物在尾矿生态修复过程中发挥重要作用，它们可降低尾矿废水中重金属的毒性，分解过量的营养元素。也就是说微生物群落的结构和多样性以及功能微生物群落的结构决定了生态系统的恢复能力。本研究旨在解决以下问题：① AlkMD如何影响细菌群落的结构；② AlkMD如何影响优势类群；③ AlkMD如何影响功能基因的丰度。我们的研究结果表明，各采样点的细菌群落组成和功能基因丰度变化明显。此外，这种结构和功能模式与环境因素高度相关，我们推测AlkMD中细菌群落的结构是由环境因子通过影响功能类群形成的。

3.2 材料和方法

3.2.1 研究区概况

研究区概况见章节2.2。

3.2.2 样品采集与处理

样品采集与处理见章节2.3。

3.2.3 采样点设置

在尾矿库中间区域沿水流方向从上游到下游采集了3个尾矿水（STW1、STW2和STW3），同时采集上游和下游的渗流水（SUSW和SDSW）（图3-1）。

3.2.4 理化性质分析

理化性质分析见章节2.3.2。

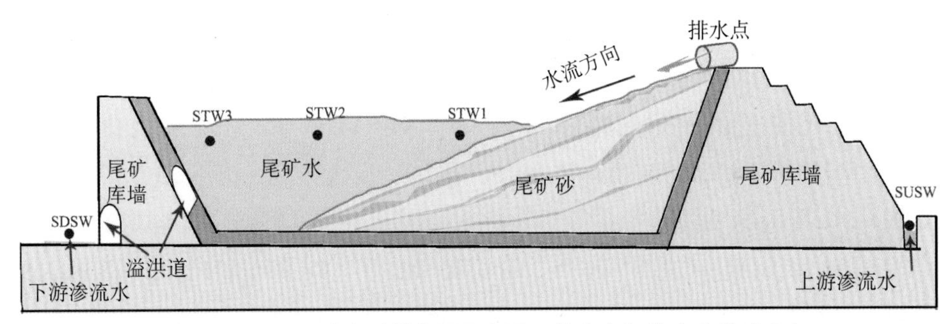

图3-1 十八河尾矿库采样位置示意图，箭头方向为废水排出方向

3.2.5 DNA提取、PCR扩增和高通量测序

滤膜剪碎后置于10mL离心管中加入1×PBS洗脱膜上的微生物，然后用DNA提取试剂盒（MP Biomedicals，USA），按照说明书提取微生物的DNA。采用通用引物338F（5'-ACTCCTACGGGAGGCAGCA-3'）和806R（5'-GGACTACHVG GGTWTCTAAT-3'）扩增细菌16S rDNA的V3-V4高变区。每个样品3个重复，扩增体系为25μL，按以下条件扩增：98℃ 2min（预变性），共26个循环，98℃ 15s（变性），55℃ 30s（退火），72℃ 30s（延伸），和终延伸72℃ 5min。PCR扩增产物通过胶回收（TIANGEN，China），测定浓度（NanoDrop）后在Illumina MiSeq平台上测序。

获得的测序数据在分析之前，先用QIIME（version 1.9.1）将成对的reads拼接成一条序列，去除低质量序列（序列长度＜150bp，序列平均值＜20，含有不明确碱基的序列，以及含有8bp的单核苷酸重复序列）。然后使用Flash组装成对的序列[139]，获得高质量序列后与Greengenes数据库比对[140]，按97%的相似性合并为一类OTUs[141]，在所有样品中去除丰度小于0.001%的OTU。测序数据主要通过QIIME和R Studio（version 3.2.0）分析，在OTU水平的α多样性指数（Chao1、ACE、Shannon和Simpson）通过QIIME分析。利用Bray-Curtis距离对样本间微生物群落结构变化进行了β多样性分析，并通过PCoA分析可视化；群落组成和丰度变化通过MEGAN [142]和GraPhlAn [143]可视化。高通量测序和生信分析在上海派森诺生物有限公司完成。

3.2.6 荧光定量PCR

荧光定量扩增序列包括细菌的16S rDNA V3区和3个反硝化功能基因（*nirS*，*nirK* 和 $nosZ_I$）。扩增体系和条件见2.3.5荧光定量分析部分。引物序列见表3-1，反硝化功能基因的反应体系和扩增条件与16S rDNA略有不同，每个反应体系包括10 μL SYBR® Premix Ex Taq™（Tli RNaseH Plus）(TaKaRa, Dalian，China)，前后引物各0.5μL（10 μmol L^{-1}），DNA模板5μL，然后用无菌水补齐到20μL。反应条件只有退火温度与细菌的不同（*nirS* 和 $nosZ_I$ 是58℃，*nirK* 是62℃）。*nirS*、*nirK* 和 $nosZ_I$ 的扩增效率分别是：81.3%、79%和86.8%。

表3-1　qPCR反应中的引物序列

目标基因	引物序列	扩增子长度	退火温度
16S rDNA	338F: 5’-ACTCCTACGGGAGGCAGCAG-3’ 534R: 5’-ATTACCGCGGCTGCTGG-3’	196bp	55℃
nirS	cd3aF: 5’-AACGYSAAGGARACSGG-3’ 3cdR: 5’-GASTTCGGRTGSGTCTTSAYGAA-3’	420bp	58℃
nirK	1aCuF: 5’-ATCATGGTSCTGCCGCG-3’ 3CuR: 5’-GCCTCGATCAGRTTRTGGTT-3’	478bp	62℃
$nosZ_I$	2F: 5’-CGGRACGGCAASAAGGTSMSSGT-3’ 2R: 5’-CAKRTGCAKSGCRTGGCAGAA-3’	267bp	58℃

3.3 数据分析

水体理化参数、细菌和反硝化功能基因的拷贝数以及反硝化功能基因拷贝数与细菌拷贝数的比例在不同采样点的差异通过one-way ANOVA分析，并通过Kruskal Wallis进行多重比较；基于Bray-Curtis距离的PCoA分析得到不同采样点的细菌群落空间结构；细菌群落结构和环境因子的关系通过Mantel 检验分析；环境因子与优势类群相对丰度以及细菌和反硝化细菌丰度的相关性通过多元相关性（multiple-correlation）分析检验；环境因子对优势类群的影响通过

RDA分析。所有统计分析的置信区间均为95 %（$P < 0.05$）。分析软件包括SPSS 20.0（IBM SPSS statistics，USA）、Canoco（version 5.0，USA）、PAST（version 3.15）和R（version 3.2.0）。

3.4 结果

3.4.1 尾矿废水中的理化性质

采样位置沿水流方向设置从而形成了一定的污染梯度。pH、NO_3^-和NO_2^-含量在STW1中最大，且显著高于STW3、SDSW和SUSW（表3-2）。pH、EC、NO_3^-、NO_2^-和SO_4^{2-}沿着水流方向形成明显的梯度（STW1>STW2>STW3），由于尾矿坝是用尾矿砂堆积而成，尾矿坝体就像一个过滤柱，尾矿水在渗流的过程中水中含有的部分重金属和其他污染物被过滤掉，因此2个渗流水SUSW和SDSW中pH、EC、NO_3^-、NO_2^-和SO_4^{2-}的含量低于库内水（STW）。DO、TC、TOC和IC在STW3最大，表现为沿水流方向增加的趋势（STW1<STW2<STW3），且EC、SO_4^{2-}、NH_4^+、TC和TOC含量与渗流水显著不同。5个重金属只有Cd和Zn沿水流方向逐渐增加，但是在不同采样点的差异不显著（表3-2）。

3.4.2 细菌群落结构与分类鉴定

根据97%的相似性，5个采样点的OTU个数分别是370、687、905、685和1010（表3-3）。5个采样点的Shannon指数分别是3.16、5.79、5.65、5.39和6.37，表明相对于STW1来说，在SUSW、STW2、STW3和SDSW中细菌的多样性较高；OTUs、ACE、Chao1和Simpson指数也是STW1最小，细菌群落的丰富度表现为沿水流方向逐渐增加的趋势（表3-3）。

表 3-2 不同采样点水体理化参数的平均值

单位：mg/L

参数	STW1	STW2	STW3	SUSW	SDSW
	平均值 ± 标准误	平均值 ± 标准误	平均值 ± 标准误	平均值 ± 标准误	平均值 ± 标准误
pH	9.382 ± 0.095a	9.131 ± 0.053a	8.147 ± 0.048b	8.190 ± 0.032b	8.014 ± 0.076b
DO	8.560 ± 0.195a	10.218 ± 0.466a	10.661 ± 0.527a	10.643 ± 0.281a	11.114 ± 3.292a
EC（$\mu S \cdot cm^{-1}$）	1834.333 ± 31.205a	1832.001 ± 20.466a	865.143 ± 3.106b	1427.333 ± 59.218ab	404.333 ± 8.511c
NO_3^-	134.373 ± 5.417a	85.170 ± 1.553ab	14.315 ± 1.142bc	5.265 ± 0.345c	4.698 ± 0.364c
NO_2^-	10.548 ± 0.405a	6.959 ± 0.20ab	1.259 ± 0.096bc	0.575 ± 0.057c	0.478 ± 0.044c
NH_4^+	1.453 ± 0.003ab	1.715 ± 0.019a	0.340 ± 0.116b	2.333 ± 0.030a	0.387 ± 0.015b
TC	20.600 ± 0.035c	24.723 ± 0.818bc	34.523 ± 3.215ab	25.070 ± 0.023bc	52.315 ± 0.136a
TOC	7.597 ± 0.003abc	8.520 ± 1.529bc	14.100 ± 0.075ab	5.253 ± 0.020c	19.344 ± 3.374a
IC	13.005 ± 0.032c	16.202 ± 0.291bc	20.179 ± 2.703bc	19.820 ± 0.001ab	43.015 ± 0.061a
SO_4^{2-}	1582.500 ± 2.977a	1207.558 ± 100.997a	837.255 ± 38.754ab	897.900 ± 97.900ab	117.655 ± 11.311c
As	2.407 ± 0.021a	2.853 ± 0.171 a	0.155 ± 0.012b	0.180 ± 0.009ab	0.003 ± 0.003b
Cd	0.004 ± 0.001a	0.002 ± 0.001a	0.002 ± 0.003a	0.003 ± 0.002a	BDL
Cu	0.017 ± 0.009ab	0.032 ± 0.004a	0.016 ± 0.004ab	0.006 ± 0.002b	0.008 ± 0.001b
Pb	0.060 ± 0.036a	0.021 ± 0.013a	0.025 ± 0.030a	0.043 ± 0.006a	BDL
Zn	0.012 ± 0.001ab	0.011 ± 0.004b	0.009 ± 0.003b	2.741 ± 1.058a	0.249 ± 0.057a

表3-3 5个采样点细菌群落的丰富度和多样性估计

采样点	OTUs	ACE	Chao1	Shannon	Simpson
STW1	370	394.61	408.00	3.16	0.70
STW2	687	706.46	759.00	5.79	0.96
STW3	905	935.96	950.00	5.65	0.88
SUSW	685	707.93	737.00	5.39	0.93
SDSW	1010	1234.00	1334.00	6.37	0.95

基于Bray-Curtis距离的PCoA排序结果表明，不同采样点的群落结构存在差异，5个采样点可以分为3组：STW1；STW2、SUSW；STW3、SDSW（图3-2）。细菌群落的空间分布格局与水体理化参数具有一致性，均表现为沿水流方向变化的趋势（表3-2）。

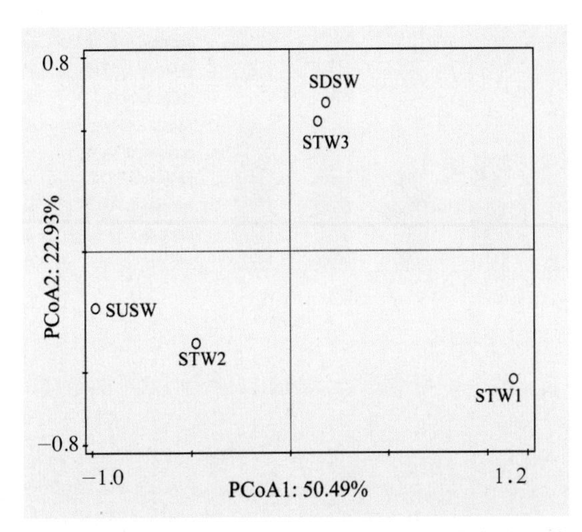

图3-2 基于Bray-Curtis距离的细菌群落相似性的主坐标分析

所有样品中OTU序列分别隶属于26个不同的门（图3-3）。优势细菌门（相对丰度>1 %）包括变形菌门（Proteobacteria）（相对丰度41.20%～89.49%），放线菌门（Actinobacteria）（0.41%～24.44%），[Thermi]（2.30%～22.81%），厚壁菌门（Firmicutes）（3.79%～13.99%），拟杆菌门（Bacteroidetes）（2.50%～7.72%），蓝藻（Cyanobacteria）（0.11%～4.70%），绿弯菌门（Chloroflexi）（0.004 %～1.51 %），疣微菌门（Verrucomicrobia）（0.01%～2.19%）和OD1（0.007%～1.30%），其中7个优势门的相对丰度与环境参数显著相关（表3-4）。α-变形菌纲（21.44%～76.15%），β-变形菌纲（2.49%～12.31%）和γ-变形菌纲（1.03%～38.81%）在5个采样点中均存在，但是δ-变形菌纲（0.005%～0.35%）只在4个采样点存在，在STW1采样点没有，表明5个采样点中细菌群落的组成存在差异。

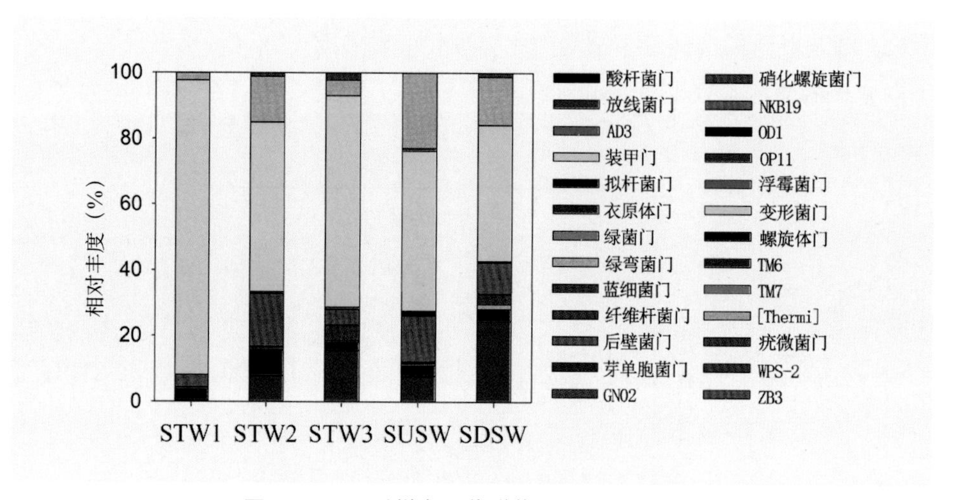

图3-3　不同采样点细菌群落在门水平的组成

表3-4 细菌优势门（相对丰度>1%）与环境参数的相关性分析

参数	变形菌门	放线菌门	[Thermi]	厚壁菌门	拟杆菌门	蓝藻门	绿弯菌门	疣微菌门	OD1
pH	0.449	−0.693	−0.240	0.172	0.671	−0.615	−0.598	−0.478	−0.342
DO	−0.161	−0.468	0.447	0.620	0.414	−0.406	−0.703	−0.128	0.499
EC	0.411	−0.898*	0.038	0.325	0.544	−0.855	−0.830	−0.707	0.114
NO_3^-	0.848*	−0.761	−0.548	−0.203	0.379	−0.460	−0.827*	−0.431	−0.479
NO_2^-	0.844*	−0.761	−0.533	−0.180	0.401	−0.469	−0.832*	−0.431	−0.475
NH_4^+	0.016	−0.698	0.543	0.583	0.356	−0.954*	−0.638	−0.825	0.656
TC	−0.560	0.955*	0.121	−0.116	−0.285	0.615	0.995**	0.481	−0.147
TOC	−0.106	0.736	−0.443	−0.524	−0.407	0.991**	0.628	0.878*	−0.528
IC	−0.650	0.878*	0.333	0.074	−0.184	0.350	0.973**	0.231	0.038
SO_4^{2-}	0.565	−0.917*	−0.110	0.126	0.400	−0.833	−0.777	−0.765	0.030
As	0.417	−0.656	−0.276	0.197	0.740	−0.515	−0.621	−0.334	−0.418
Cd	−0.220	0.444	0.183	−0.132	−0.308	−0.065	0.734	−0.302	0.091
Cu	−0.064	−0.186	−0.052	0.464	0.941*	−0.248	−0.251	0.023	−0.479
Pb	0.214	−0.549	0.357	0.105	−0.202	−0.836	−0.295	−0.965**	0.658
Zn	−0.358	−0.141	0.786	0.450	−0.225	−0.516	−0.124	−0.522	0.998**

表3-5　5个采样点中的核心类群及其占比（%）

门	纲	目	科	属
变形菌门 (41.2 ~ 89.49)	α－变形菌纲 (21.44 ~ 76.15)	红杆菌目 (0.91 ~ 66.55)	红杆菌科 (0.35 ~ 66.55)	未识别的 (0.07 ~ 54.06)
				红杆菌属 (0.21 ~ 10.24)
		鞘脂单胞菌目 (2.15 ~ 11.22)	鞘脂单胞菌科 (1.62 ~ 7.33)	新鞘脂菌属 (0.14 ~ 4.87)
		柄杆菌目 (0.21 ~ 11.49)	柄杆菌科 (0.21 ~ 8.90)	未识别的 (0.14 ~ 8.10)
		根瘤菌目 (0.59 ~ 9.69)	叶瘤菌科 (0.007 ~ 3.24)	中慢生根瘤菌属 (0.00 ~ 0.12)
	γ－变形菌纲 (1.03 ~ 38.81)	假单胞菌目 (0.54 ~ 38.11)	莫拉氏菌科 (0.50 ~ 37.94)	不动杆菌属 (0.42 ~ 37.76)
		军团菌目 (0.14 ~ 3.54)	军团菌科 (0.01 ~ 3.29)	军团菌属 (0.004 ~ 3.28)
	β－变形菌纲 (2.49 ~ 12.31)	伯克氏菌目 (2.19 ~ 11.93)	丛毛单胞菌科 (1.60 ~ 11.81)	氢噬胞菌属 (0.18 ~ 11.45)
放线菌门 (0.41 ~ 24.44)	放线菌纲 (0.41 ~ 22.72)	放线菌目 (0.41 ~ 22.72)	分枝杆菌科 (0.01 ~ 15.86)	分枝杆菌属 (0.01 ~ 15.86)
			微杆菌科 (0.15 ~ 5.46)	*Candidatus Aquiluna* (0.12 ~ 4.63)
	酸微菌纲 (0.00 ~ 2.82)	酸微菌目 (0.00 ~ 2.82)	Microthrixaceae (0.00 ~ 0.30)	未识别的 (0.00 ~ 0.25)
[Thermi] (2.30 ~ 22.81)	异常球菌纲 (2.30 ~ 22.81)	异常球菌目 (2.30 ~ 22.81)	异常球菌科 (2.30 ~ 22.81)	异常球菌属 (2.30 ~ 22.81)
厚壁菌门 (3.79 ~ 13.99)	芽孢杆菌纲 (3.74 ~ 16.12)	芽孢杆菌目 (3.47 ~ 15.16)	芽孢杆菌科 (3.45 ~ 13.97)	芽孢杆菌属 (2.06 ~ 8.61)
拟杆菌门 (2.50 ~ 7.72)	鞘脂杆菌纲 (0.04 ~ 2.03)	鞘脂杆菌目 (0.04 ~ 2.03)	鞘脂杆菌科 (0.007 ~ 0.18)	土地杆菌属 (0.00 ~ 0.04)

（续）

门	纲	目	科	属
拟杆菌门（2.50 ~ 7.72）	**黄杆菌纲**（0.19 ~ 3.62）	**黄杆菌目**（0.19 ~ 3.62）	**Cryomorphaceae**（0.08 ~ 1.43）	未识别的（0.00 ~ 0.36）
蓝藻门（0.11 ~ 4.70）	**Synechococcophycideae**（0.01 ~ 3.11）	**Synechococcales**（0.01 ~ 3.11）	**聚球藻科**（0.01 ~ 3.11）	**聚球藻属**（0.01 ~ 3.11）
绿弯菌门（0.004 ~ 1.51）	**厌氧绳菌纲**（0.00 ~ 1.10）	厌氧绳菌目（0.00 ~ 0.26）	厌氧绳菌科（0.00 ~ 0.26）	厌氧绳菌属（0.00 ~ 0.26）
疣微菌门（0.01 ~ 2.19）	[Spartobacteria]（0.004 ~ 0.80）	Chthoniobacterales（0.004 ~ 0.80）	Chthoniobacteraceae（0.004 ~ 0.80）	*Candidatus Xiphinematobacter*（0.004 ~ 0.80）
OD1（0.007 ~ 1.30）	**ZB2**（0.007 ~ 1.30）	**未分类的**（0.007 ~ 1.30）	**未分类的**（0.007 ~ 1.30）	**未分类的**（0.007 ~ 1.30）

注：加粗字体表示相对丰度大于1%的优势类群。

未鉴定到属的序列占到31.80% ~ 66.70%，采样点STW1中优势属是红杆菌科的未识别属，其相对丰度沿着水流方向逐渐降低。在STW2和SUSW中相对丰度最大的属是异常球菌属，在STW3中是不动杆菌属，在SDSW中是分枝杆菌属（图3-4，表3-5）。

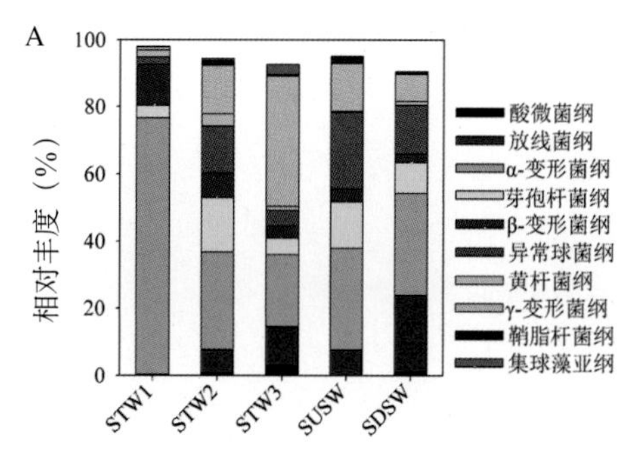

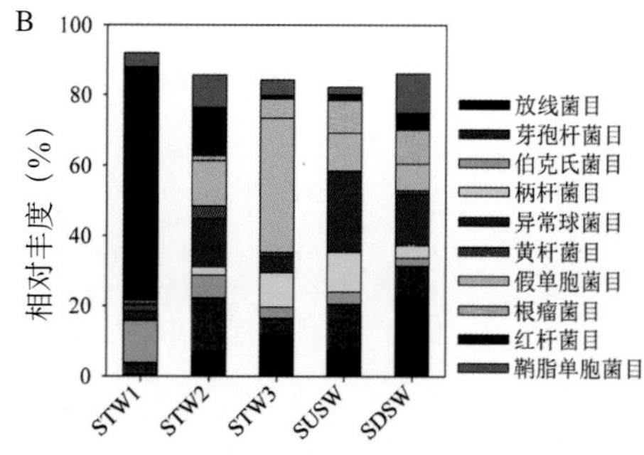

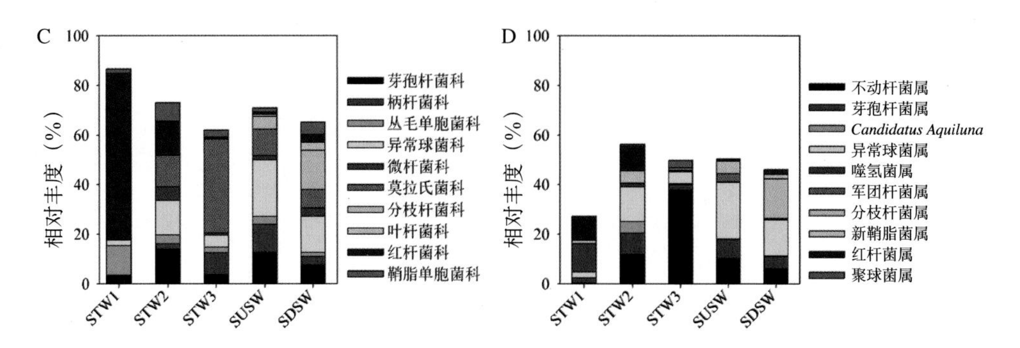

图3-4　不同采样点细菌群落的核心类群　A. 纲水平　B. 目水平　C. 科水平　D. 属水平

16S rDNA的拷贝数变化可代表细菌群落丰度的变化，细菌拷贝数从上游（STW1）$6.90 \times 10^5 \pm 5.45 \times 10^4$到下游渗流水（SDSW）$5.14 \times 10^6 \pm 3.40 \times 10^5$逐渐增多，且差异显著（$P < 0.01$）（图3-5）。

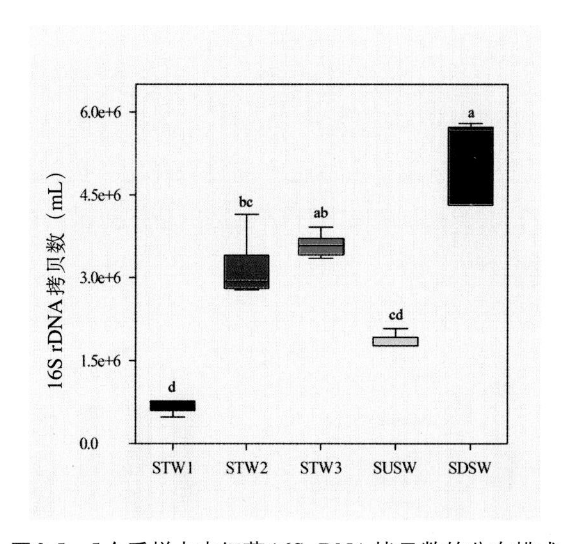

图3-5　5个采样点中细菌16S rDNA拷贝数的分布模式

3.4.3 核心类群的空间格局

分别在纲、目、科和属水平上相对丰度>1%的前10个优势类群定义为核心类群。前10个优势纲的相对丰度占整个群落的90.6%～97.9%（图3-4A），前10

个优势目的相对丰度占整个群落的82.2% ~ 92.0%（图3-4B），前10个优势科的相对丰度占整个群落的62.1% ~ 86.7%（图3-4C），前10个优势属的相对丰度占整个群落的27.3% ~ 56.4%（图3-4D）。在5个采样点中，核心类群的相对丰度明显不同。α-变形菌纲和所属类群红杆菌目—红杆菌科—红杆菌属以及β-变形菌纲和所属类群伯克氏菌目—丛毛单胞菌科—噬氢菌属的相对丰度沿水流方向逐渐减少。然而，γ-变形菌纲以及所属类群假单胞菌目—莫拉氏菌科—不动杆菌属和军团菌属，放线菌门以及所属类群放线菌目—分枝杆菌科—分枝杆菌属，集球藻目—集球藻属，*Acidimicrobiia*，柄杆菌目—柄杆菌科，根瘤菌目—叶瘤菌科的相对丰度沿水流方向逐渐增加（图3-4）。异常球菌纲以及所属类群异常球菌目—异常球菌科—异常球菌属，芽孢杆菌纲以及所属类群芽孢杆菌目—芽孢杆菌科—芽孢杆菌属，黄杆菌纲—黄杆菌目，鞘脂单胞菌目—鞘脂单胞菌科和新鞘脂菌属，鞘脂杆菌纲—微杆菌科—*Candidatus Aquiluna*的相对丰度在采样点STW2中最大。核心类群的相对丰度在渗流水SUSW中和SDSW也存在显著的差异（图3-4）。

3.4.4 细菌群落组成与环境参数的相关性

Mantel检验表明，整个细菌群落组成与理化参数（EC、NO_3^-、NO_2^-、TC和SO_4^{2-}）显著相关；同样优势细菌群落的组成与EC、NO_3^-、NO_2^-和IC显著相关（表3-6）。但是pH、DO、重金属（As、Cd、Cu、Pb、Zn）和地理距离与整个细菌群落以及优势细菌群落均没有显著的相关性（表3-6）。

RDA分析结果表明，环境参数对核心类群在纲（F=2.4，$P < 0.05$）、目（F=2.6，$P < 0.05$）、科（F=2.5，$P < 0.05$）和属水平（F=7.1，$P < 0.05$）均有显著的影响。在纲、目、科和属的水平主要受到NO_3^-、NO_2^-、SO_4^{2}-和pH的影响（表3-7），多元相关性分析结果也表明NO_3^-、NO_2^-、TC、IC、SO_4^{2-}和重金属（As、Cu、Pb、Zn）对几个核心类群有显著的影响（表3-4，表3-8至表3-11）。

表3-6　细菌群落结构与环境参数的Mantel检验结果

参数	所有 OTUs	优势类群
pH	0.603	0.822
DO	0.117	−0.188
EC	0.742*	0.595*
NO_3^-	0.905**	0.596*
NO_2^-	0.903**	−0.611*
NH_4^+	0.151	−0.012
TC	0.558*	−0.012
TOC	0.303	−0.130
IC	0.398	0.367*
SO_4^{2-}	0.679*	0.132
As	0.621	−0.161
Cd	0.268	−0.372
Cu	0.150	0.602
Pb	-0.432	−0.257
Zn	-0.611	0.851
PCNM1	0.215	0.620

表3-7 环境参数与优势类群相对丰度的RDA分析结果

分类	Variables	NO_3^-	NO_2^-	SO_4^{2-}	pH	Pb	EC	TOC	As	DO	TC	Cd	IC	NH_4^+	Zn	Cu
	贡献率（%）	51.9	50.7	46.2	36.8	31.7	29.7	28.6	27.6	23.1	18.5	18.0	14.5	13.3	8.3	5.0
纲级	Pseudo-*F*	3.42	3.25	2.66	1.78	1.43	1.32	1.24	1.10	0.94	0.76	0.71	0.53	0.49	0.33	0.21
	P	**0.043**	**0.047**	**0.046**	0.192	0.294	0.400	0.342	0.344	0.466	0.404	0.516	0.474	0.772	0.716	0.924
	贡献率（%）	64.6	63.4	50.2	44.1	23.5	32.8	23.2	37.5	16.6	21.9	11.7	17.9	10.7	13.8	8.9
目级	Pseudo-*F*	5.53	5.21	3.04	2.45	0.95	1.53	0.92	1.82	0.67	0.86	0.47	0.74	0.45	0.56	0.36
	P	**0.049**	**0.038**	**0.024**	**0.049**	0.510	0.194	0.346	0.128	0.768	0.402	0.698	0.404	0.848	0.464	0.710
	贡献率（%）	54.9	54.2	44.9	39.9	21.3	31.4	22.0	35.4	21.4	26.4	21.6	27.3	11.3	14.9	11.2
科级	Pseudo-*F*	3.73	3.55	2.46	2.03	0.79	1.44	0.86	1.65	0.82	1.12	0.85	1.14	0.46	0.54	0.44
	P	**0.048**	**0.038**	**0.034**	**0.032**	0.620	0.296	0.520	0.088	0.642	0.330	0.506	0.298	0.942	0.588	0.850
	贡献率（%）	41.3	40.8	33.2	32.2	21.0	26.0	23.7	29.3	19.4	20.9	27.0	25.5	14.6	15.5	16.5
属级	Pseudo-*F*	2.15	2.13	1.54	1.46	0.87	1.15	0.95	1.23	0.73	0.82	1.18	1.06	0.54	0.62	0.65
	P	**0.046**	**0.048**	0.186	0.188	0.690	0.480	0.578	0.330	0.708	0.544	0.418	0.422	0.904	0.720	0.744

注：加粗字体表示$P<0.05$。

3.4.5 *nirS*, *nirK*和*nosZ*$_I$基因拷贝数沿水流方向的变化趋势

在本研究中扩增的反硝化功能基因包括参与2个关键反硝化过程的3个基因，分别是编码亚硝酸盐还原酶的（*nirS*和*nirK*）基因以及编码一氧化二氮还原酶的（*nosZ*$_I$）基因。在5个采样点每毫升水中，*nirS*的拷贝数是2.12×10^3 ~ 3.23×10^4，*nirK*的拷贝数是4.73×10^0 ~ 3.84×10^4，*nosZ*$_I$的拷贝数是4.14×10^4 ~ 2.33×10^5（图3-6）。在STW3和STW2中*nirS*的拷贝数显著高于STW1，但是*nirK*的拷贝数在3个库水中差异不显著，*nosZ*$_I$的拷贝数在STW2中最大，且显著高于STW1和STW3。渗流水中的3个反硝化功能基因的拷贝数均是SDSW显著高于SUSW（图3-6）。

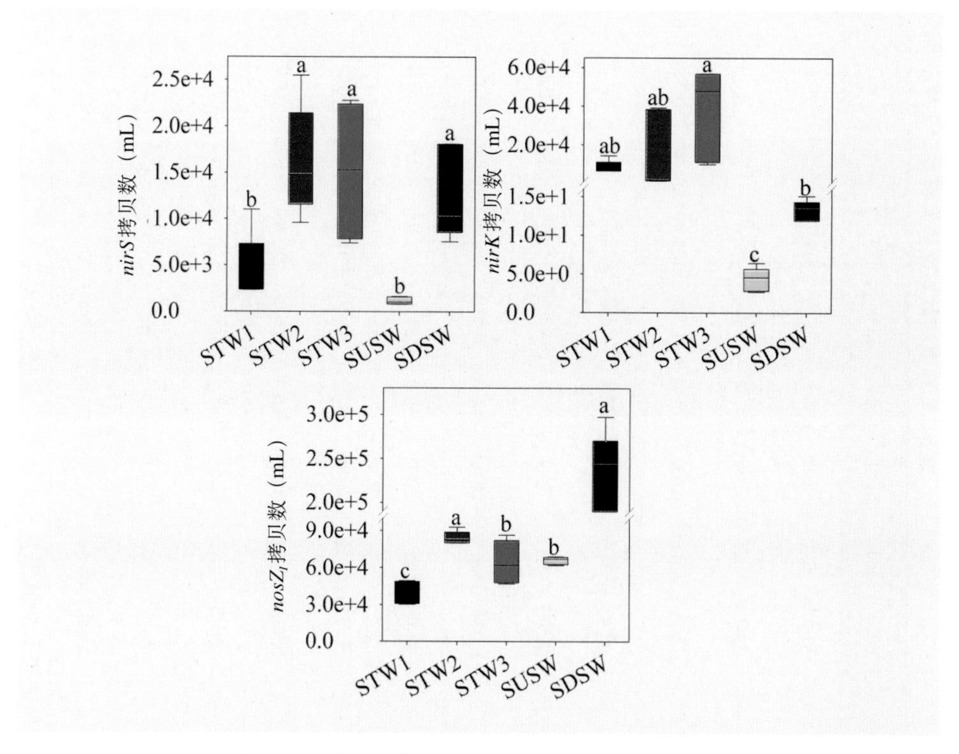

图3-6 不同采样点*nirS*、*nirK*和*nosZ*$_I$的拷贝数

在5个采样点，3个反硝化功能基因的相对丰度*nirS*/16S rDNA，*nirK*/16S rDNA和$nosZ_I$/16S rDNA分别是0.12%～1.46%，2.58×10^{-3}%～1.38%和1.81%～6.03%，它们的相对丰度沿水流方向逐渐减小（图3-7），在渗流水中，3个反硝化基因的相对丰度均没有显著的变化。在库水中*NirS*/16S rDNA和*nirK*/16S rDNA分别是渗流水的3.71和3.49×10^{3}倍，但是在渗流水中$nosZ_I$/16S rDNA是库水的1.22倍。

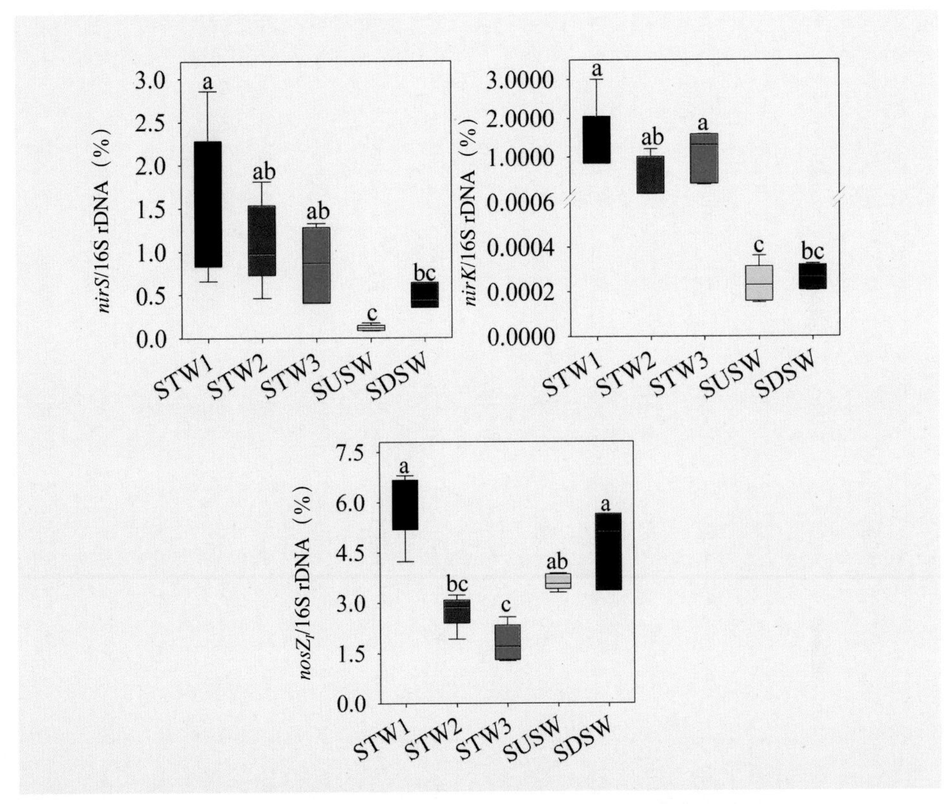

图3-7 不同采样点中*nirS*、*nirK*和$nosZ_I$相对丰度的变化趋势

表3-8 纲水平相对丰度较高的前10个类群与环境参数的相关性分析

参数	α－变形菌纲	γ－变形菌纲	异常球菌纲	放线菌纲	芽孢杆菌纲	β－变形菌纲	黄杆菌纲	Synechococcophycideae	醋微菌纲	鞘脂杆菌纲
pH	0.621	−0.604	−0.240	−0.649	0.186	0.855	0.810	−0.511	−0.604	−0.034
DO	−0.354	0.336	0.447	−0.481	0.641	−0.032	0.126	0.052	−0.136	0.842
EC	0.551	−0.523	0.038	−0.846	0.343	0.777	0.524	−0.582	−0.759	0.357
NO_3^-	0.805	−0.521	−0.548	−0.748	−0.187	0.978**	0.690	−0.343	−0.476	−0.304
NO_2^-	0.793	−0.521	−0.533	−0.747	−0.163	0.974**	0.704	−0.348	−0.481	−0.287
NH_4^+	0.257	−0.472	0.543	−0.616	0.593	0.352	0.062	−0.701	−0.839	0.749
TC	−0.408	0.078	0.121	0.966**	−0.144	−0.682	−0.331	0.162	0.434	−0.365
TOC	−0.402	0.616	−0.443	0.645	−0.533	−0.489	−0.176	0.789	0.913*	−0.622
IC	−0.339	−0.159	0.333	0.930*	0.043	−0.642	−0.338	−0.127	0.159	−0.194
SO_4^{2-}	0.732	−0.625	−0.110	−0.864	0.142	0.883*	0.472	−0.618	−0.789	0.168
As	0.512	−0.467	−0.276	−0.629	0.214	0.810	0.889*	−0.375	−0.474	−0.030
Cd	0.256	−0.638	0.183	0.534	−0.162	−0.150	−0.354	−0.544	−0.322	−0.312
Cu	0.061	−0.296	−0.052	−0.157	0.472	0.390	0.958*	−0.237	−0.214	0.037
Pb	0.568	−0.684	0.357	−0.453	0.102	0.360	−0.361	−0.800	−0.876	0.353
Zn	−0.203	−0.063	0.786	−0.082	0.446	−0.339	−0.652	−0.375	−0.428	0.793

表3-9 目水平相对丰度较高的前10个类群与环境参数的相关性分析

参数	红杆菌目	假单胞菌目	异常球菌目	酸微菌目	芽孢杆菌目	伯克氏菌目	柄杆菌目	鞘脂杆菌目	根瘤菌	黄杆菌目
pH	0.709	−0.586	−0.239	−0.649	0.180	0.827	−0.790	0.145	−0.838	0.810
DO	−0.310	0.263	0.447	−0.481	0.630	−0.067	0.485	−0.449	−0.138	0.126
EC	0.592	−0.549	0.039	−0.846	0.328	0.755	−0.409	−0.268	−0.680	0.524
NO_3^-	0.893*	−0.484	−0.547	−0.748	−0.194	0.965**	−0.786	−0.047	−0.922*	0.690
NO_2^-	0.883*	−0.485	−0.533	−0.747	−0.171	0.960**	−0.787	−0.037	−0.924*	0.704
NH_4^+	0.205	−0.542	0.543	−0.616	0.576	0.343	0.041	−0.411	−0.148	0.062
TC	−0.469	0.108	0.121	0.966**	−0.126	−0.663	0.046	0.629	0.677	−0.331
TOC	−0.359	0.673	−0.443	0.645	−0.517	−0.480	0.156	0.317	0.260	−0.176
IC	−0.432	−0.145	0.333	0.930*	0.059	−0.623	−0.007	0.648	0.731	−0.338
SO_4^{2-}	0.759	−0.636	−0.110	−0.864	0.127	0.873	−0.515	−0.293	−0.712	0.472
As	0.628	−0.447	−0.275	−0.629	0.209	0.774	−0.759	0.186	−0.882*	0.889*
Cd	0.121	−0.619	0.184	0.534	−0.155	−0.111	−0.300	0.400	0.494	−0.354
Cu	0.193	−0.276	−0.052	−0.157	0.478	0.338	−0.692	0.621	−0.619	0.958*
Pb	0.430	−0.731	0.357	−0.453	0.085	0.392	−0.006	−0.507	0.093	−0.361
Zn	−0.345	−0.151	0.786	−0.082	0.434	−0.321	0.677	−0.543	0.582	−0.652

表3-10 科水平相对丰度较高的前10个类群与环境参数的相关性分析

参数	红杆菌科	莫拉氏菌科	异常球菌科	Mycobacteriaceae	芽孢杆菌科	丛毛单胞菌科	柄杆菌科	鞘脂单胞菌科	微杆菌科	叶瘤菌科
pH	0.715	−0.587	−0.239	−0.460	0.209	0.667	−0.773	0.343	0.277	−0.471
DO	−0.297	0.263	0.447	−0.585	0.670	−0.197	0.500	0.068	0.245	−0.633
EC	0.601	−0.549	0.040	−0.590	0.399	0.634	−0.377	0.050	0.120	−0.646
NO_3^-	0.899*	−0.484	−0.547	−0.577	−0.156	0.864*	−0.788	0.069	−0.071	−0.574
NO_2^-	0.889*	−0.486	−0.532	−0.579	−0.133	0.854*	−0.788	0.088	−0.049	−0.576
NH_4^+	0.212	−0.542	0.544	−0.283	0.662	0.296	0.100	−0.122	0.122	−0.381
TC	−0.481	0.109	0.120	0.879*	−0.204	−0.570	0.039	0.219	0.174	0.923*
TOC	−0.364	0.673	−0.444	0.268	−0.601	−0.426	0.097	0.071	−0.137	0.361
IC	−0.445	−0.145	0.333	0.979**	−0.003	−0.529	0.008	0.241	0.273	0.995**
SO_4^{2-}	0.766	−0.636	−0.109	−0.553	0.204	0.792	−0.486	−0.075	−0.043	−0.604
As	0.636	−0.447	−0.275	−0.530	0.226	0.582	−0.750	0.437	0.347	−0.528
Cd	0.106	−0.619	0.183	0.867*	−0.163	0.043	−0.266	−0.087	−0.046	0.850
Cu	0.199	−0.276	−0.051	−0.208	0.441	0.094	−0.685	0.852*	0.768	−0.182
Pb	0.427	−0.730	0.358	0.047	0.184	0.513	0.052	−0.559	−0.348	−0.053
Zn	−0.345	−0.151	0.787	0.153	0.502	−0.218	0.728	−0.447	−0.128	0.055

表3-11 属水平相对丰度较高的前10个类群与环境参数的相关性分析

参数	不动杆菌属	异常球菌属	分枝杆菌属	氢噬胞菌属	红杆菌属	芽孢杆菌属	新鞘脂菌属	*Candidatus Aquiluna*	军团菌属	聚球藻属
pH	−0.637	−0.183	−0.404	0.636	0.982**	0.225	0.652	0.5823	−0.317	−0.518
DO	0.539	0.238	−0.665	−0.377	0.015	0.467	0.235	0.544	0.240	0.445
EC	−0.529	0.044	−0.589	0.542	0.806	0.365	0.408	0.491	0.093	−0.481
NO_3^-	−0.741*	−0.562	−0.850*	0.871*	0.927*	−0.207	0.402	0.317	−0.484	−0.269
NO_2^-	−0.845*	−0.554	−0.856*	0.861*	0.933*	−0.191	0.418	0.336	−0.484	−0.267
NH_4^+	−0.452	0.528	−0.349	0.155	0.338	0.614	0.077	0.267	0.645	−0.542
TC	0.070	0.136	0.881*	−0.490	−0.517	−0.098	−0.065	−0.267	−0.166	0.023
TOC	0.751	−0.463	0.145	−0.345	−0.478	−0.534	−0.123	−0.194	−0.528	0.799
IC	−0.264	0.377	0.987**	−0.426	−0.397	0.130	−0.021	−0.229	0.046	−0.342
SO_4^{2-}	−0.612	−0.112	−0.558	0.726	0.826	0.159	0.289	0.317	0.020	−0.522
As	−0.458	−0.295	−0.532	0.597	0.993**	0.176	0.718	0.670	−0.442	−0.324
Cd	−0.700	0.227	0.855	0.110	−0.082	−0.029	−0.144	−0.401	0.095	−0.707
Cu	−0.332	−0.110	−0.175	0.166	0.831	0.382	0.971**	0.867	−0.571	−0.249
Pb	−0.709	0.370	−0.011	0.432	0.173	0.206	−0.342	−0.291	0.665	−0.751
Zn	−0.142	0.785	0.153	−0.322	−0.461	0.478	−0.498	−0.293	0.999**	−0.341

3.4.6 环境参数对*nirS*，*nirK*和$nosZ_I$基因拷贝数的影响

$nosZ_I$与*nirS*和*nirK*对环境变化的响应策略不同。*nirS*和*nirK*的相对丰度与pH、NO_3^-和NO_2^-浓度正相关，与IC和Zn的浓度显著负相关，但是$nosZ_I$与*nirS*和*nirK*的趋势相反（表3-12）。*nirS*、*nirK*和$nosZ_I$的丰度与Cu离子浓度正相关，与Pb离子的浓度负相关（表3-12）。3个反硝化功能基因的相对丰度与取样位置存在显著的相关性，从上游到下游逐渐减小（图3-8），这种变化趋势主要受到水体理化参数（NO_3^-、NO_2^-、IC、pH和Zn）变化的影响（表3-12）。

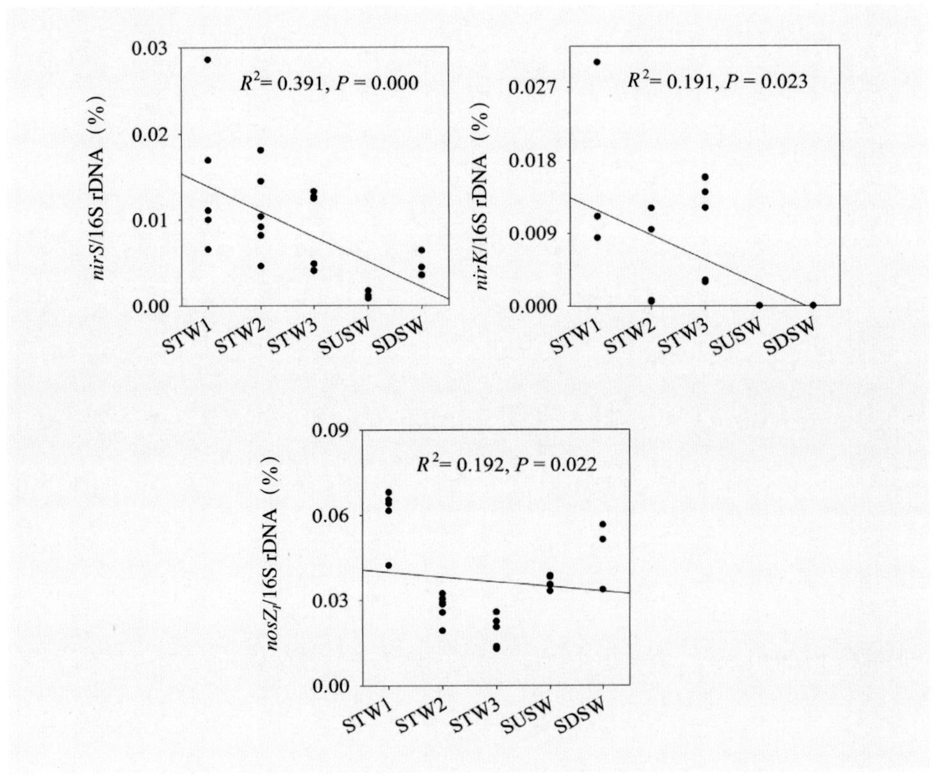

图3-8　反硝化功能基因的相对丰度与采样位置的相关性分析

表3-12 16S rDNA、*nirS*、*nirK*、*nosZ*$_I$的拷贝数以及3个反硝化功能基因的相对丰度与环境参数的相关性分析

参数	16S rDNA	*nirS*	*nirK*	*nosZ*$_I$	*nirS*/16S rDNA	*nirK*/16S rDNA	*nosZ*$_I$/16S rDNA
pH	−0.365	0.256	0.540**	−0.333	0.638***	0.581**	−0.148
DO	0.463*	0.478*	−0.111	0.632***	0.003	−0.219	−0.301
EC	−0.701***	−0.055	0.102	−0.390*	0.432*	0.266	0.070
NO_3^-	−0.566**	0.111	0.569***	−0.487*	0.674***	0.676***	0.046
NO_2^-	−0.570**	0.144	0.550**	−0.483*	0.702***	0.659***	0.042
NH_4^+	−0.609**	−0.367	−0.552**	−0.096	−0.147	−0.354	0.324
TC	0.786***	0.385	−0.152	0.675***	−0.219	−0.359	−0.244
TOC	0.583**	0.602**	0.440*	0.272	0.358	0.247	−0.235
IC	0.565**	−0.591*	−0.586**	0.643***	−0.579**	−0.699***	−0.042
SO_4^{2-}	−0.699***	−0.228	0.029	−0.305	0.321	0.240	0.412*
As	−0.457*	−0.084	−0.118	−0.053	0.252	0.000	0.307
Cd	0.061	0.007	0.030	−0.039	0.145	0.021	0.291
Cu	0.080	0.388*	0.156	0.218	0.374	0.113	0.043
Pb	−0.497**	−0.486*	−0.177	−0.416*	−0.053	−0.015	0.487*
Zn	0.016	−0.587**	−0.689***	0.144	−0.725***	−0.625***	0.428*

3.5 讨论

3.5.1 AlkMD中的细菌群落

微生物群落的组成和分布与其生境的生物和非生物因素紧密相关，这为我们更好理解微生物在生态系统中的功能提供重要线索。一些研究表明，微生物群落对局域环境变化敏感[144, 145]，这与我们的研究结果一致。本研究表明，细菌群落的多样性沿水流方向变化明显（表3-3，图3-2，图3-5），这种变化趋势主要与NO_3^-、NO_2^-、SO_4^{2-} 和TC浓度相关（表3-6，表3-12）。现有的证据表明，这种多样性模式主要是通过物种分选过程（即根据当地环境条件进行选择）来构建的[146]。这样的细菌群落组成模式是对环境条件适应的表现，例如

对能量（硝酸盐、硫酸盐和碳）的有效性作出反应；相反，细菌丰富度的变化可能是由于影响细胞过程和信号传导的应激反应造成的[22]。当环境发生剧烈变化时，如尾矿废水的排放，适应该环境的微生物类群就会大量繁殖，否则就会灭绝。这种环境梯度可以明显改变群落组成，在较低污染区域微生物群落的丰富度增加，在中等污染区域微生物群落的多样性增加[147]。As和Pb的浓度对细菌群落有明显的抑制作用（表3-12），因为重金属毒性会使微生物群落的碳、氮、硫代谢能力降低甚至丧失[148]，因此高浓度的重金属会降低细菌群落的丰度。重金属对细菌的毒害通常是由于造成了酶的失活、细胞膜损伤、与核酸结合、养分运输的变化以及底物的可用性改变等。由于金属与酶蛋白、膜蛋白和核酸酶结合，从而改变其结构[149]，最终导致细胞活性的丧失。在酸性尾矿废水中（AMD），pH对微生物群落的多样性、丰富度和功能基因丰度存在显著的影响[41, 49]。本研究中虽然库水和渗流水中的pH存在显著的梯度（表3-2），但是并不是影响细菌群落组成和多样性变化的主要因素（表3-6，表3-12）。这与Bier[22]对阿尔卑斯山脉AlkMD中微生物群落的研究结果一致，可能是由于AlKMD中pH变化范围太小（8.01 ～ 9.38）而在AMD中一般变化范围不低于4。这也表明在本研究区域细菌群落的多样性变化主要是EC、NO_3^-、NO_2^-、SO_4^{2-}和重金属含量变化引起的，而不是pH。地理距离也是造成细菌群落多样性格局变化的重要因素[150, 151]，但是在本研究区，地理距离与细菌群落结构没有显著的相关性（表3-6），表明是环境选择驱动了细菌群落的多样性格局。qPCR得到的细菌拷贝数（图3-5）大于高通量测序结果（表3-3），主要是由于2个实验所用的扩增引物不同[127]（表3-1）；另一方面，qPCR反应中16S rDNA的扩增效率是101.1%，这也是造成细菌丰度偏高的一个重要原因。

细菌群落对环境的适应是功能的适应[41, 152]。变形菌门是5个取样点中丰度最高的门（图3-3），这与前人对AlkMD中细菌群落的研究结果一致[22]，说明变形菌门在尾矿废水净化过程中的核心作用。变形菌门的相对丰度沿水流方向从STW1到SDSW逐渐减少，是由于NO_3^-和NO_2^-浓度的变化（表3-10，表3-12）引起隶属于变形菌门的典型反硝化类群红杆菌科（含未识别属和红杆菌属）和嗜氢菌属的改变（表3-5）。放线菌门相对丰度的变化趋势与变形菌门相反，沿着水流方向从STW1到SDSW逐渐增加（图3-3），这种变化趋势主要受SO_4^{2-}和TOC浓度变化的影响[22]（表3-4）。Hou[153]等对土壤细菌群落研究发现，EC与放线菌门的相对丰度正相关，而与TC含量负相关，该结果与本文研究结果相反，可能是由于不同的研究区域和研究对象造成的。厚壁菌、拟杆菌和[Thermi]的相对丰度在STW2和SUSW中较高，这与中度污染假说一致，表明这三个类群具有相似的生态位[127]。蓝藻和绿弯菌是水体中常见的自养微生物，它们的相对丰度沿水流方向逐渐增加（图3-2），主要是由于NH_4^+、NO_2^-、NO_3^-和TC含量的变化（表3-4）驱动了这两类细菌类群的分布格局。蓝藻通过释放胞外酶来缓冲环境压力，从而可以适应AlkMD的污染环境[154]。疣微菌门可在多种生境中生长，如土壤、底泥以及一些极端的生境如热泉、极酸或碱性水体中[155-157]。疣微菌门的相对丰度沿水流方向逐渐增加（图3-3），主要由Pb[158]和TOC[155]浓度的变化引起。OD1类群在氢和硫的循环过程中发挥重要的作用[159, 160]，然而在AlkMD中是否与硫的循环有关，还需进一步研究。

3.5.2 核心类群组成及其生态功能

优势细菌类群在生态系统中发挥关键作用，因此优势菌群的动态可以间接地反映整个细菌群落对环境变化的适应过程。在5个采样点，核心类群从纲到属水平均有明显的变化，但是在属水平的核心类群在不同采样点均有分布（图3-4，表3-5），表明AlkMD的环境条件具有相似的背景，各采样点的特定条件对微生物群落组成的影响要次之[127]。STW1中主要的核心类群是红杆菌属和嗜氢菌属；STW3中主要的核心类群是不动杆菌属；SUSW中主要的核心类群是异常球菌属；SDSW中的核心类群是分枝杆菌属（图3-4A，图3-4D），表明不同取样点微生物类群所行使的生态功能不同，因此环境选择是通过改变关键类群的组成和结构来影响整个群落的。

不同分类水平的核心群落具有相似的适应机制，这种适应性与NO_3^-、NO_2^-、TC和IC浓度变化相关（表3-8至表3-11）。主要的水生优势类群红杆菌科（包含嗜碱性类群红杆菌属）是典型的厌氧光合紫色非硫细菌，这些细菌在呼吸过程中用NO_3^-和NO_2^-作电子受体[82, 161]。嗜氢菌属是污染生境中的常见类群，它们通过反硝化作用获得能量[162, 163]，因此硝酸盐浓度是影响群落结构变化的重要因素。叶瘤菌科对环境有较好的适应性[164, 165]，这类细菌除了具有反硝化作用外，还可能在碳循环中发挥重要作用。分枝杆菌属在多种生境中均有分布[5]，其主要的生态功能是参与碳的降解。在污染生境中，黄杆菌属和新鞘脂菌属也是常见的微生物类群[115, 166]，它们通过释放胞外聚合物来降低重金属毒性[167, 168]。军团杆菌属的相对丰度在SUSW中最大（图3-5），大多数军团杆菌属细菌是水生菌，它们被认为具有兼性致病性[169, 170]。Wullings[171]等对饮用水中的军团杆菌属细菌研究发现，其多样性主要受可溶性有机碳浓度的影响，但是在AlkMD是否也与可溶性有机碳相关，目前还未见报道。

3.5.3 反硝化基因拷贝数的变化与能量的可利用性

硝酸盐浓度是影响反硝化功能基因丰度变化的重要因素，如之前对Colne河口[172]，湖泊[76]和地下水[73]的研究均表明，硝酸盐浓度对反硝化细菌群落结构存在显著影响，说明能量的可用性直接影响细菌的细胞代谢[173]。反硝化作用是由反硝化微生物驱动的，在氮的生物地球化学循环中起着至关重要的作用。研究结果表明，反硝化细菌的丰度和相对丰度因环境变化而变化（表3-12，图3-8）。

反硝化功能基因*nirS*的丰度从STW1到SDSW逐渐增加（图3-6），这种变化趋势主要是由于Pb和Zn的抑制作用越来越小（表3-12），这也说明反硝化细菌对重金属污染比较敏感[174]。*nirK*和$nosZ_I$的拷贝数与NO_3^-和NO_2^-浓度变化显著相关，但是二者的变化趋势相反（表3-12），表明这两个类群的生态适应策略不同[175]。3个反硝化功能基因的相对位置与营养状况（采样位置）显著相关（表3-12，图3-8），该结果与已有的研究结果一致[76, 176]，随着NO_3^-和NO_2^-浓度减小，反硝化细菌的丰度也会降低。本研究中（*nirS*+*nirK*）/$nosZ_I$大于1 ∶ 1，表明参与N_2O还原的反硝化细菌数量较多，因此可以推断出在反硝化过程中没有温室气体N_2O的排放。

同时，我们还发现SUSW中的*nirS*和*nirK*不论是丰度还是相对丰度在5个采样点中均最小，这很可能是由于在SUSW中Zn的浓度太高而Cu的浓度偏低。Cu和Fe的生物可利用性影响亚硝酸盐和氧化亚氮还原酶的表达和活性，因为*nirS*基因编码含铁的cd1-type还原酶，*nirK*基因编码含铜还原酶，所以Cu和Fe含量会影响*nirS*和*nirK*的表达。遗憾的是在本研究中没有测定Fe的含量，因此我们只能推测Fe的含量可能是影响因素。*nosZ*$_I$基因的丰度和相对丰度的变化趋势与*nirS*和*nirK*不同，其丰度在STW1中最小（图3-6），但是相对丰度在STW1中却最大（图3-7）。*nosZ*$_I$的拷贝数和相对丰度的格局与不动杆菌属类群的组成相似（图3-4D），不动杆菌属细菌是重要的含有*nosZ*基因的反硝化细菌。不动杆菌属细菌对环境有较强的适应性，可参与氮代谢[175]且对重金属[177]有耐受性。

3.6 小结

综上所述，本研究区细菌群落的组成变化与水体理化性质有关，这也进一步表明环境梯度对细菌群落结构的影响。碳、氮、硫等养分的可利用性和重金属毒性对细菌群落组成有显著的影响，这表明生态位过程在细菌群落构建中的重要性是由局域环境因素决定的。细菌群落的丰度和多样性与EC、NO_3^-、NO_2^-和SO_4^{2-}浓度显著相关，优势纲、目、科和属与NO_3^-和NO_2^-含量显著相关，同时在纲、目和科水平也与水体SO_4^{2-}浓度和pH显著相关。反硝化功能基因*nirK*和*nosZ*$_I$的丰度变化主要受NO_3^-和NO_2^-浓度的影响，而*nirS*丰度的变化主要与TOC含量相关。重金属As、Pb和Zn对细菌包括反硝化细菌均有一定的毒害作用，与细菌的丰度显著负相关，但是Cu离子的浓度与反硝化基因的丰度正相关。我们的研究结果强调，在高度污染的尾矿废水生态系统中，环境梯度的逐级筛选驱动了群落结构和功能相似的分类群的聚集。因此，为了预测环境变化如何影响细菌群落结构，需要从不同层面更好地理解AlkMD中细菌群落的适应机制。

4 真菌群落的季节动态及其适应机制

4.1 引言

认识和了解生物群落对环境的适应机制是生态学研究的核心，而了解真菌群落如何适应环境是微生物生态学的一个基本问题。大多数生态学家认为，生态位过程（如环境过滤）或中性过程（如扩散限制）是驱动群落构建的主要动力[178]。确定的生物和非生物因素导致物种多样性或物种周转率的变化。近年来，有学者对真菌群落构建的确定性和随机性的相对作用进行了评价，促进了我们对真菌群落在局域、区域、大陆和全球尺度上多样性构建机制的认识，并提供了新的视角[179]，然而，对于碱性尾矿废水中真菌群落的构建和适应机制却知之甚少。真菌群落是微生物群落的重要组成部分，它们在有机质降解和多种化学元素的生物地球化学循环过程中发挥重要作用。与细菌群落相比，真菌群落能更有效地利用有机底物，形成自身的营养物质，真菌可以通过分泌胞外酶的形式，减少重金属和其他有毒物质的毒害作用[180]。从而在尾矿废水中真菌群落可能与细菌群落具有不同的空间分布格局和适应机制。

十八河尾矿废水作为高碱、多种重金属和高氮污染的极端环境，这些特征对真菌群落多样性格局的形成施加了强大的外在选择力。近年来，科学家们在冰川[181]、深海[182]、尾矿[24, 39, 43, 48]等极端环境中陆续发现了多样的生命形式，一些适应性强的微生物类群在这些生境中繁衍生息。由于特殊的生存环境造就了细胞的复杂性及其功能的差异性，通过对极端生境中真菌群落适应机制的了解，将有助于我们进一步了解应激适应的功能进化。极端生境中的生物类群拓宽了我们对陆地生物多样性的看法[183]。有研究表明，真菌群落的结构和功能对金属尾矿废水污染反应强烈，多数情况下与未受尾矿废水影响的水体相比，受到污染河流中的真菌群落多样性、丰富度和生物量较低[184]。但是，目前还不清楚在尾矿废水中真菌群落的地理分布模式主要受环境条件的影响还是受空间距离的影响，抑或二者共同影响。

本研究旨在探讨在碱性尾矿废水中是何种因素影响了真菌群落的时空结构：①真菌群落的多样性与空间距离和环境因素的关系如何；②影响真菌群落的因素是否会随着时间的推移而发生变化。

4.2 研究区概况

研究区概况见章节2.2。

4.3 样品采集与处理

采样过程、理化性质分析和DNA提取见章节2.3。

4.3.1 PCR扩增和DGGE分析

采用引物ITS1F（5’-CGCCCGCCGCGCGCGGCGGGCGGGGCGGGGGCA-CGGG GGGCTTGGTCATTTAGAGGAAGTAA-3’），和ITS2R（5’-GCTGCGTT-CTTCATCGAT GC-3’）扩增真菌的ITS1区片段。扩增条件：预变性3min（95℃），变性30s（95℃），退火30s（54.5℃），延伸45s（72℃），终延伸10min（72℃）。反应体系详见2.3.3 PCR扩增部分。

由于PCR扩增片段是280bp，因此变性胶采用8% W/V的浓度，变性胶的梯度是35%～50%，然后用DCode DGGE电泳仪跑胶（Bio-rad，USA）。DGGE具体过程详见2.3.3 DGGE分析部分。

4.3.2 荧光定量PCR

荧光定量扩增真菌的ITS1区片段。引物序列为ITS1F:5’ -CTTGGTCATTT-

AGA GGAAGTAA-3’，ITS2R: 5’-GCTGCGTTCT TCATCGATGC-3’，扩增体系、扩增条件以及质粒制备过程详见2.3.4荧光定量分析，只是退火温度不同，扩增ITS1区片段的退火温度为58℃，扩增效率是87%。

4.4 数据分析

数据分析见章节2.4。

4.5 结果

4.5.1 5月真菌群落的多样性格局

真菌群落的组成在不同采样点存在差异，不同类群沿环境梯度呈现不同的变化趋势。DGGE分析结果显示共有54个OTU，其中24个OTU属于优势类群，平均相对丰度是75.60%；21个OTU属于稀有类群，平均相对丰度是12.44%（图4-1）。真菌群落的组成在尾矿库的左侧（L）和右侧（R）不同，且沿水流方向的变化趋势也存在差异。这种差异性在上游和下游渗流水中也存在：SDW中优势OTU共18个，稀有OTU 8个；而USW中优势OTU 13个，稀有OTU 9个（图4-1）。说明在不同的局域生境中，真菌群落的组成和结构不同。

真菌群落的拷贝数沿水流方向从上游到下游显著增加，而在USW和DSW中没有显著差异（图4-2）。优势和稀有类群的生态位宽度不同，虽然未达到统

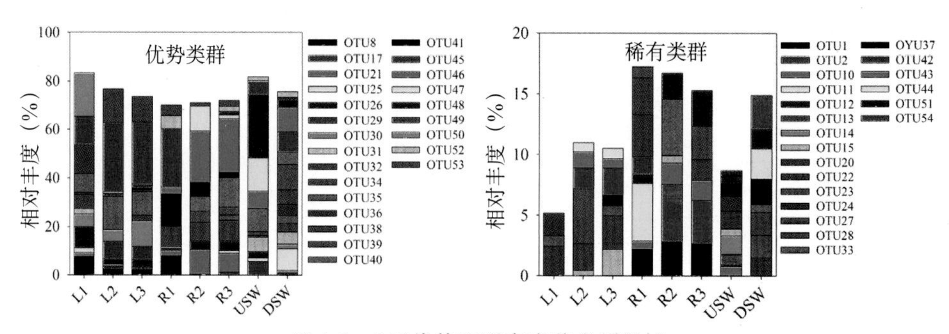

图4-1 5月优势和稀有真菌类群组成

计显著性，但是优势类群的生态位要宽一些（图4-3），说明优势类群的分布范围更广。

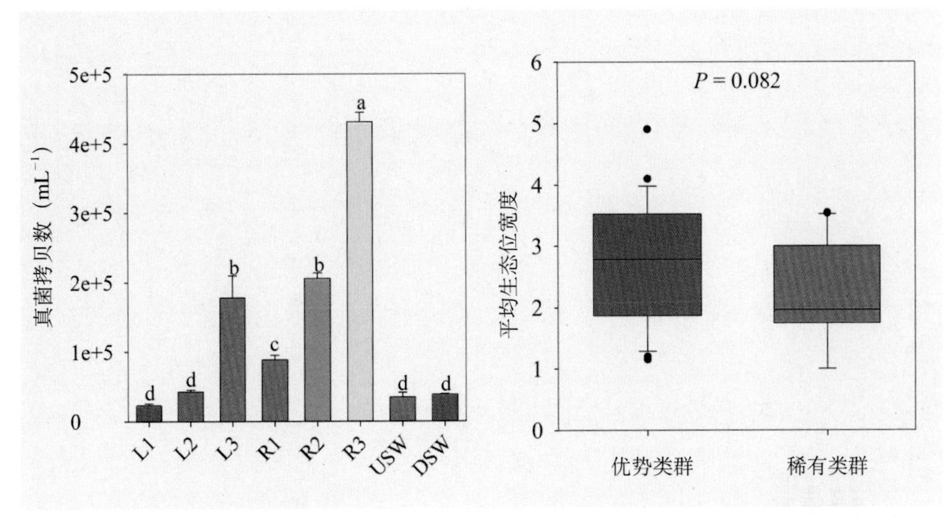

图4-2 5月真菌群落拷贝数

图4-3 优势和稀有类群的生态位宽度

真菌群落的α多样性指数在不同采样点差异明显，沿水流方向呈现递增的趋势，DSW中的多样性（除Chao-1）显著高于USW中的多样性（图4-4）。优势类群的α多样性与整个群落的α多样性变化趋势相似，而稀有类群则不同，稀有类群的OTUs、Simpson和Shannon指数从L1到L3逐渐增加，但是从R1到R3差异不明显；Chao-1指数在不同采样点均没有显著差异，SUW和DSW中4个多样性指数也没有显著差异（图4-4）。

真菌群落的多样性变化与环境参数有显著相关性。拷贝数主要与DO、EC、TC、IC和Zn浓度显著负相关，与NO_2^-浓度显著正相关。与群落丰富度指数（OTUs和Chao-1）和多样性指数（Simpson和Shannon）相关的理化因子存在差异（表4-1）。整个群落的丰富度指数与NO_3^-、NH_4^+、SO_4^{2-}和Cd浓度显著负相关，多样性指数只与温度显著负相关；优势类群的丰富度指数主要与NO_3^-和SO_4^{2-}浓度显著负相关，多样性指数与温度显著负相关；稀有类群的丰富度指数与EC显著正相关，与NO_3^-和Cd浓度显著负相关，多样性指数与DO和TOC显著负相关，与EC显著正相关。

表4-1 水体理化参数与5月真菌群落 α 多样性指数的相关性

参数	所有 OTUs					优势类群				稀有类群			
	ITS rDNA 拷贝数	OTUs	Chao-1	Simpson	Shannon	OTUs	Chao-1	Simpson	Shannon	OTUs	Chao-1	Simpson	Shannon
T	−0.17	−0.29	−0.06	−0.44*	−0.38	−0.21	−0.16	−0.44*	−0.42*	−0.17	−0.38	−0.04	−0.27
pH	0.14	−0.19	−0.38	−0.16	−0.12	−0.27	−0.32	−0.29	−0.24	0.08	−0.29	−0.01	0.13
DO	−0.49*	−0.18	0.03	−0.15	−0.23	−0.08	0.01	0.04	−0.07	−0.35	−0.10	−0.27	−0.44*
EC	−0.72**	0.12	−0.16	0.16	0.25	0.02	−0.06	−0.12	−0.04	0.41*	0.04	0.27	0.48*
NO_3^-	0.24	−0.31	−0.60**	−0.23	−0.20	−0.35	−0.46*	−0.35	−0.32	−0.10	−0.42*	−0.14	0.03
NO_2^-	0.42*	−0.09	−0.40	−0.02	0.04	−0.17	−0.28	−0.19	−0.14	0.13	−0.13	−0.02	0.20
NH_4^+	0.16	−0.30	−0.44*	−0.21	−0.20	−0.32	−0.37	−0.31	−0.32	−0.11	−0.38	−0.13	−0.08
TC	−0.58**	−0.03	0.26	−0.10	−0.15	0.04	0.15	0.10	0.05	−0.25	0.07	−0.20	−0.35
TOC	−0.40	−0.08	0.04	−0.15	−0.16	−0.11	−0.07	−0.05	−0.08	−0.23	−0.04	−0.43*	−0.33
IC	−0.49*	0.04	0.32	−0.01	−0.07	0.15	0.25	0.15	0.13	−0.16	0.11	−0.03	−0.24
SO_4^{2-}	0.07	−0.34	−0.65**	−0.26	−0.21	−0.46*	−0.54**	−0.39	−0.37	−0.06	−0.33	−0.19	0.06
As	0.25	−0.12	−0.23	−0.06	−0.04	−0.18	−0.18	−0.23	−0.22	0.14	−0.18	−0.03	0.10
Cd	0.09	−0.28	−0.511*	−0.21	−0.20	−0.26	−0.30	−0.31	−0.27	−0.14	−0.43*	−0.26	−0.11
Cu	−0.08	0.15	0.13	0.00	0.05	0.06	0.04	−0.06	−0.02	0.20	0.30	0.17	0.17
Pb	−0.13	0.28	0.22	0.26	0.20	0.31	0.29	0.27	0.27	0.10	0.16	0.34	0.19
Zn	−0.54**	−0.34	−0.21	−0.37	−0.38	−0.31	−0.23	−0.30	−0.31	−0.27	−0.38	−0.29	−0.31
PCNM1	0.19	−0.13	0.03	−0.11	−0.15	−0.06	0.00	−0.24	−0.22	−0.02	−0.18	−0.04	−0.18

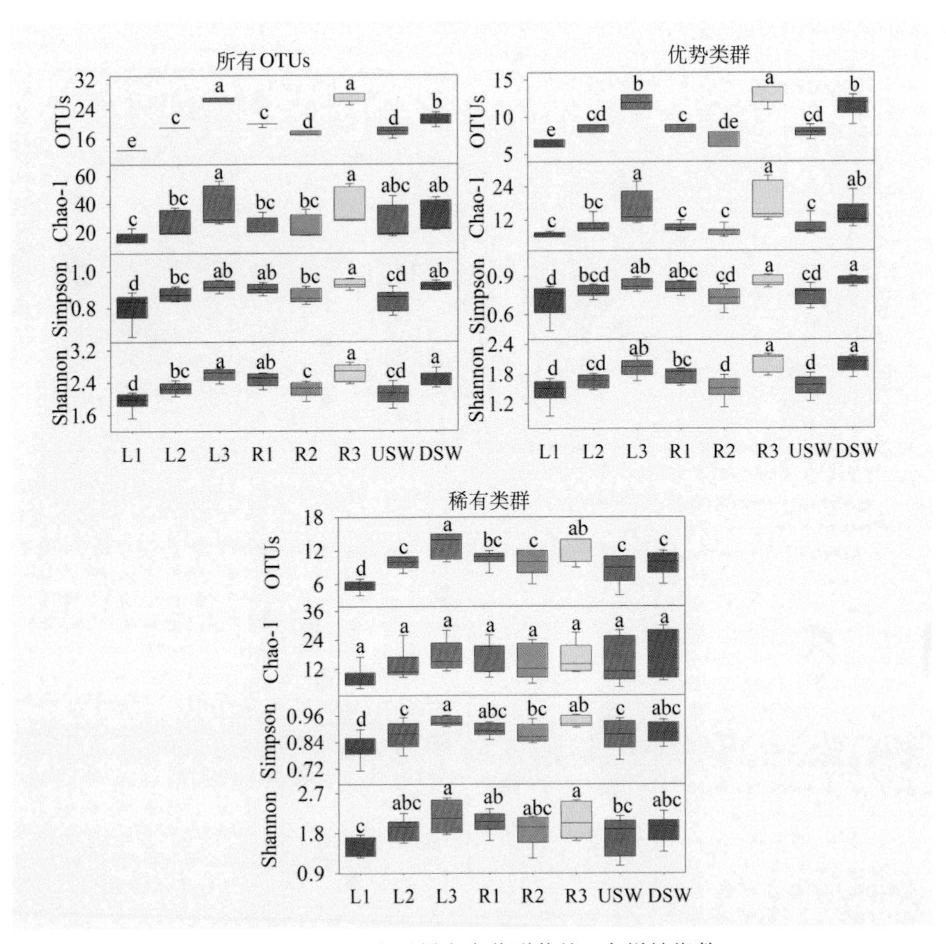

图4-4　5月8个采样点真菌群落的α多样性指数

真菌群落的空间分布在不同采样点显著不同，这种差异性在优势和稀有类群间均存在（表4-2）。优势类群与整个群落的空间格局比较相似，但是在稀有类群中左侧和右侧的群落具有明显不同的空间格局（图4-5）。

表4-2　5月真菌群落的PERMANOVA分析结果

分类	所有OTUs			优势类群			稀有类群		
	F	R^2	P	F	R^2	P	F	R^2	P
组别	6.41	0.74	0.001	6.14	0.73	0.001	6.96	0.75	0.001

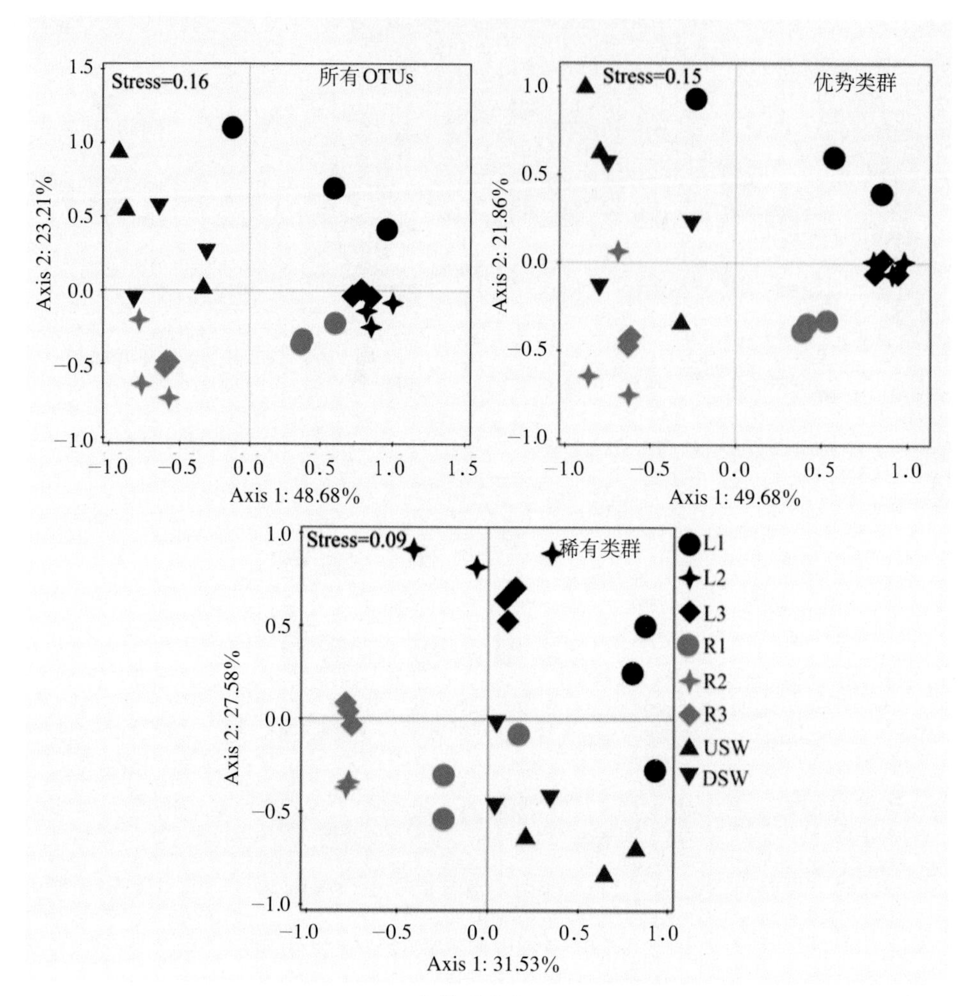

图4-5　5月真菌群落的NMDS排序图

真菌群落的分布格局是环境选择的结果，但是不同群落受到的选择强度不同，整个群落和优势类群的零偏差值相似，都大于稀有类群（图4-6），说明随机作用对稀有类群的影响更显著。总的来说，环境选择对L1采样点真菌群落的多样性格局影响最大，这与污染强度一致，但是在R1不是这样的趋势。

db-RDA结果显示：对整个群落有显著影响的因子是pH、Zn、NH_4^+、IC、PCNM和T；对优势类群影响显著的因子是Zn、pH、IC、NH_4^+、T和PCNM；对稀有类群有显著影响的因子是NO_2^-、PCNM、EC、IC、pH和SO_4^{2-}（表4-3）。

我们发现对整个群落和优势类群结构有显著影响的因子相同，只是解释率存在差异，这也表明整个群落的结构主要由优势类群决定。PCNM1对稀有类群的解释率最大，这与较小的零偏差绝对值具有一致性，进一步说明扩散限制对稀有类群结构的影响。

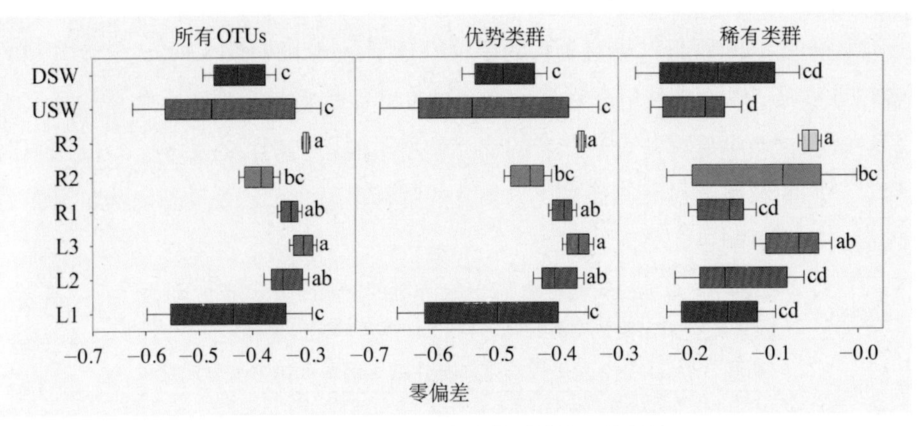

图4-6 5月8个采样点真菌群落的零偏差值

表4-3 前选择结果中对5月真菌群落结构有显著影响的环境因子

所有OTUs			优势类群			稀有类群		
环境因子	解释率 %	*P*	环境因子	解释率%	*P*	环境因子	解释率%	*P*
pH	12.1	0.008	Zn	13.2	0.002	NO_2^-	11.3	0.008
NH_4^+	11.7	0.002	pH	11.8	0.002	PCNM1	9.6	0.004
Zn	10.9	0.01	IC	9.2	0.002	EC	8.4	0.006
IC	8.8	0.004	NH_4^+	8.5	0.004	IC	9.3	0.008
PCNM1	8.2	0.008	T	6.4	0.022	pH	7.8	0.026
T	5.4	0.042	PCNM1	5.9	0.01	SO_4^{2-}	6.5	0.022

为了揭示环境因子和空间距离对群落结构的影响，方差分解（VPA）结果显示环境因子和空间距离对整个群落、优势和稀有类群都有显著影响，但是每个因素对不同群落的解释率不同（表4-4）。环境因子和空间距离对整个群落的解释率分别是36.8%和7.6%，二者共同的解释率是41.9%。环境因子和空间距离对优势类群的解释率分别是35.4%和4.2%，二者共同的解释率是39.2%。环境因子和空间距离对稀有类群的解释率分别是30.8%和13.1%，二者共同的解释率是36.5%。环境因子和空间距离的交互作用对整个群落、优势和稀有类群的解释率均小于零，表明二者的交互作用对群落结构没有影响。空间距离对稀有类群的解释率最大，而对优势类群的解释率最小，这说明稀有类群受扩散限制的影响更明显。

表4-4 单独的环境因素（E|S）、单独的空间因素（S|E）、环境因素和空间因素的交互作用（E×S）以及环境因素和空间因素的总和（E+S）对5月真菌群落多样性格局解释率的方差分解结果

参数	所有 OTUs			优势类群			稀有类群		
	解释率 %	*F*	*P*	解释率%	*F*	*P*	解释率%	*F*	*P*
E|S	36.8	3.8	0.002	35.4	3.6	0.002	30.8	3.1	0.002
S|E	7.6	3.3	0.004	4.2	2.2	0.02	13.1	4.7	0.004
E×S	−2.4	–	–	−0.4	–	–	−7.4	–	–
E+S	41.9	3.8	0.002	39.2	3.5	0.002	36.5	3.2	0.002

4.5.2 7月真菌群落的多样性格局

在7月真菌群落共有35个OTU，不同采样点优势和稀有类群的相对丰度存在差异。其中18个OTU属于优势类群，平均相对丰度是87.18%；12个OTU属于稀有类群，平均相对丰度是6.27%（图4-7）。OTU27是L1、L2、L3、R1和R3采样点相对丰度最大的类群，OTU5的相对丰度沿水流方向逐渐减小。OTU16的相对丰度也是从R1到R3逐渐减小，而OTU28的相对丰度在R2最大，这些差异说明不同类群对环境的适应机制不同。

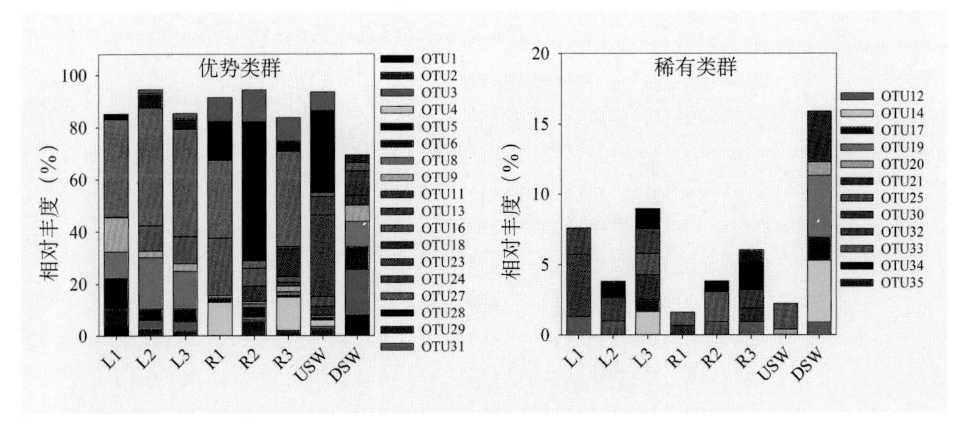

图4-7 7月优势和稀有真菌类群组成

7月真菌群落的4个多样性指数在整个群落以及优势和稀有类群中均是在R3最大在R1最小。整个群落和优势类群在渗流水中的OTUs和Chao-1指数在USW中较大，而Simpson和Shannon指数在DSW中较大，但是稀有类群中的4个指数均是在DSW中较大（图4-8）。真菌群落的拷贝数在DSW最大，从L1到L3逐渐增加，而在右侧则是在R2最大（图4-9）。优势和稀有类群的生态位宽度也有一定的差异，与5月相似优势类群的生态位要比稀有类群的生态位宽一些（图4-10）。

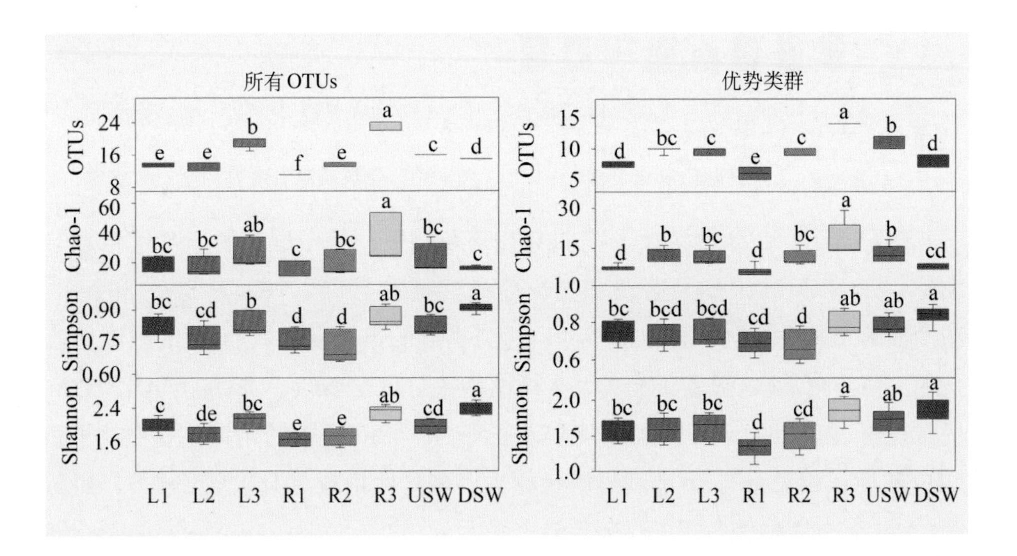

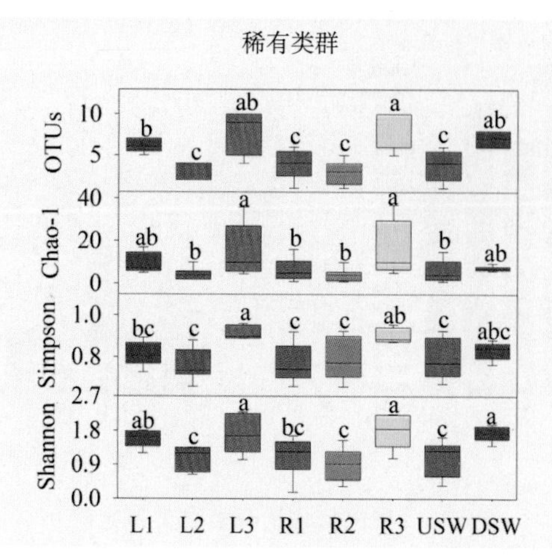

图4-8　7月8个采样点真菌群落的α多样性指数

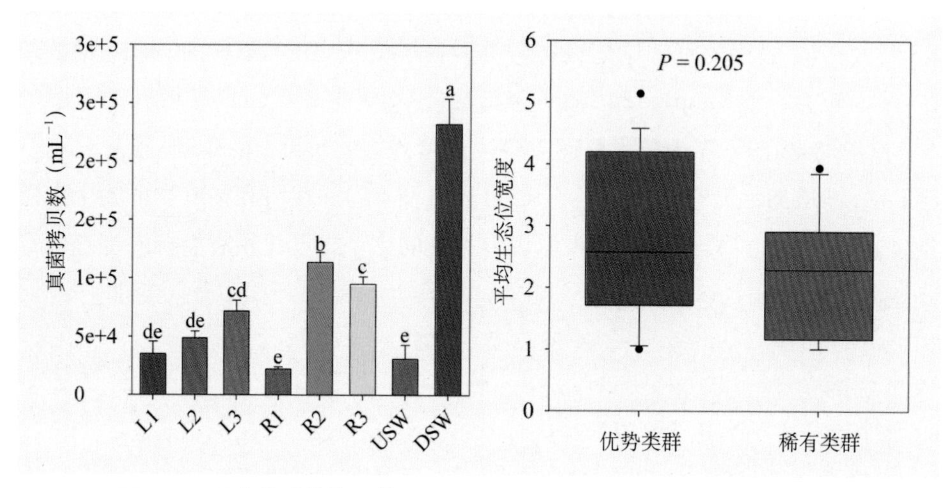

图4-9　7月真菌群落拷贝数　　图4-10　优势和稀有类群的生态位宽度

DO、SO_4^{2-}和Zn的浓度与拷贝数显著负相关；整个群落的丰富度指数与NO_3^-、Cd和Zn的浓度显著负相关，多样性指数与EC、NO_3^-、SO_4^{2-}和As的浓度显著负相关，与T显著正相关；优势类群的丰富度指数与Cu的浓度显著负相关而与PCNM1显著正相关，多样性指数与EC、NO_3^-、NO_2^-、SO_4^{2-}和As的浓度显著负相关，与IC的浓度显著正相关；稀有类群的丰富度指数与T和NH_4^+浓度正相关，与Zn浓度显著负相关，多样性指数与T显著正相关，而与SO_4^{2-}和Zn浓度显著负相关（表4-5）。

表4-5 水体理化参数与7月真菌群落 α 多样性指数的相关性

参数	所有 OTUs					优势类群				稀有类群			
	16S rDNA 拷贝数	OTUs	Chao-1	Simpson	Shannon	OTUs	Chao-1	Simpson	Shannon	OTUs	Chao-1	Simpson	Shannon
T	0.25	0.16	0.03	0.48*	0.51*	−0.26	−0.26	0.21	0.20	0.57**	0.49*	0.44*	0.62**
pH	0.11	0.02	0.34	−0.24	−0.15	0.17	0.21	−0.38	−0.28	0.06	0.17	0.26	−0.02
DO	−0.73**	−0.04	0.12	−0.17	−0.33	0.04	0.05	−0.13	−0.20	−0.06	0.17	−0.10	−0.16
EC	−0.10	−0.19	0.11	−0.49*	−0.52**	0.08	0.14	−0.63**	−0.53**	−0.10	0.03	−0.05	−0.25
NO_3^-	−0.30	−0.50*	−0.17	−0.63**	−0.70**	−0.20	−0.14	−0.73**	−0.73**	−0.30	−0.15	−0.20	−0.38
NO_2^-	−0.23	−0.23	0.07	−0.31	−0.37	0.00	0.04	−0.42*	−0.39	−0.01	0.13	0.10	−0.09
NH_4^+	−0.18	0.03	0.31	−0.05	0.00	0.03	0.05	−0.25	−0.19	0.26	0.42*	0.24	0.19
TC	0.09	−0.03	−0.36	0.32	0.31	−0.22	−0.17	0.37	0.30	−0.01	−0.21	−0.15	0.09
TOC	−0.19	−0.15	−0.23	0.01	0.01	−0.19	−0.08	0.00	−0.03	−0.11	−0.19	−0.13	−0.08
IC	0.24	0.23	−0.07	0.39	0.40	0.30	0.25	0.62**	0.61**	0.04	−0.15	−0.13	0.13
SO_4^{2-}	−0.44*	−0.31	0.03	−0.59**	−0.61**	0.05	−0.01	−0.54**	−0.54**	−0.34	−0.11	−0.22	−0.42*
As	0.07	0.00	0.33	−0.46*	−0.40	0.09	0.16	−0.67**	−0.51*	−0.02	0.13	0.20	−0.17
Cd	0.09	−0.43*	−0.23	−0.33	−0.33	−0.01	0.00	−0.38	−0.31	−0.14	−0.16	−0.21	−0.17
Cu	−0.08	−0.32	−0.29	−0.11	−0.15	−0.46*	−0.44*	−0.16	−0.28	−0.11	−0.14	−0.10	−0.04
Pb	0.00	−0.13	−0.18	−0.02	−0.07	−0.10	−0.18	−0.01	−0.04	−0.01	−0.04	−0.25	−0.01
Zn	−0.52**	−0.58**	−0.43*	−0.35	−0.38	−0.27	−0.29	−0.18	−0.31	−0.49*	−0.41*	−0.59**	−0.38
PCNM1	0.37	0.05	0.30	−0.25	−0.05	0.67**	0.65**	−0.02	0.15	−0.34	−0.35	−0.25	−0.36

不同采样点真菌群落的结构存在差异（图4-11，表4-6），整个群落和优势类群的结构相似，都是左侧的3个采样点聚在一起，而R2与USW聚在一起，DSW为单独的一类，说明优势类群在整个群落中具有重要作用。稀有类群的结构与整个群落的结构存在差异，L2和R2是独立的2个类群，R3与L1和L3聚在一起。

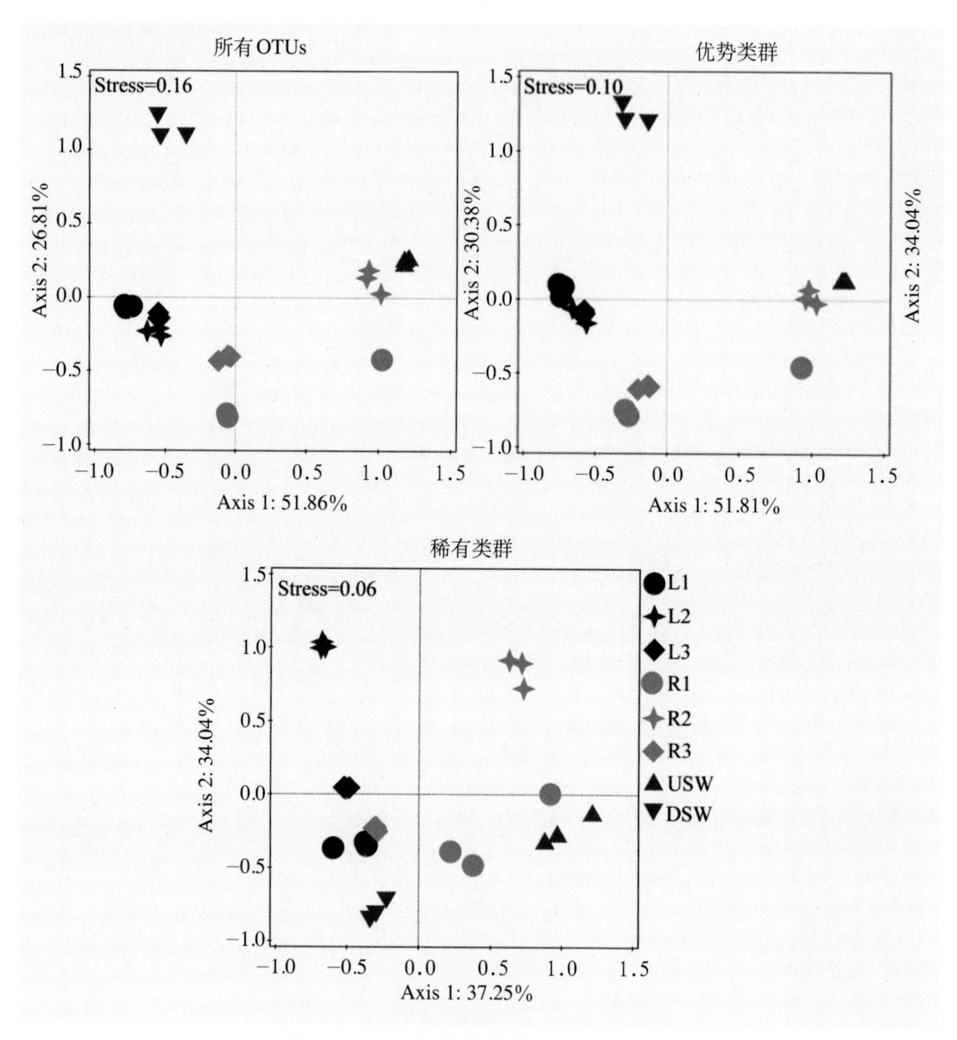

图4-11 7月真菌群落的NMDS排序图

表4-6　7月真菌群落的PERMANOVA分析结果

分类	所有OTUs			优势类群			稀有类群		
	F	R^2	*P*	*F*	R^2	*P*	*F*	R^2	*P*
组别	38.30	0.94	0.001	45.17	0.95	0.001	15.871	0.87	0.001

整个群落和优势类群的零偏差值均为负值，表明整个群落和优势类群的结构主要是环境选择驱动的，而稀有类群的零偏差值更接近零，说明随机因素在稀有类群的构建过程中的作用大于对优势类群的影响（图4-12）。

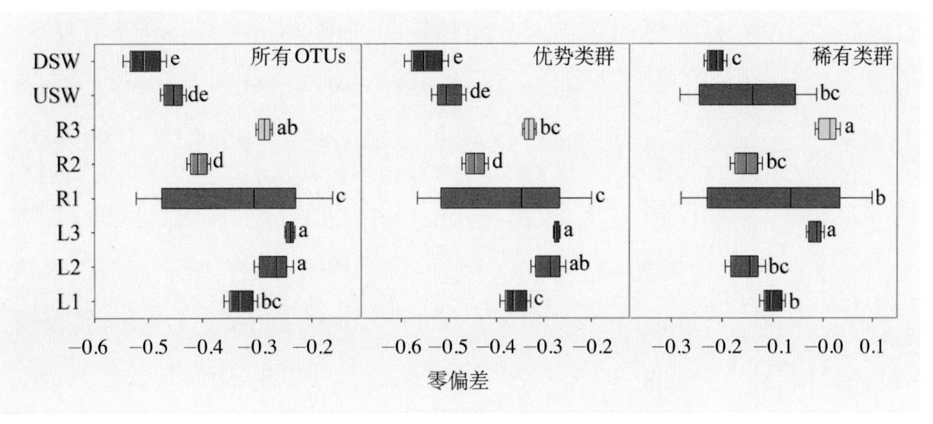

图4-12　7月8个采样点真菌群落的零偏差值

对整个群落有显著影响的因子共8个，其中NH_4^+的解释率最大（27.7%），而PCNM1的解释率最小（3.7%）；对优势类群有显著影响的因子共7个，其中T的解释率最大（21.7%）而NO_3^-的解释率最小（3.6%）；对稀有类群有显著影响的因子也是8个，其中IC的解释率最大（34.7%），PCNM1的解释率最小（4.3%）（表4-7）。VPA结果表明，环境因子和空间距离对整个群落和稀有类群都有显著影响，但是每个因素对不同群落的解释率不同（表4-8）。环境因子和空间距离对整个群落的解释率分别是85.0%和9.0%，二者共同的解释率是90.7%。环境因子和空间距离对优势类群的解释率分别是84.4%和1.0%，二者共同的解释率是89.8%。环境因子和空间距离对稀有类群的解释率分别是66.7%和8.4%，二者共同的解释率是72.2%。空间距离对稀有类群的解释率高于对优势类群的解释率，且对优势类群的影响不显著，这说明扩散限制对整个群落的影响是由于对稀有类群的影响造成的。

表4-7 前选择结果中对7月真菌群落结构有显著影响的环境因子

所有 OTUs			优势类群			稀有类群		
环境因子	解释率%	*P*	环境因子	解释率%	*P*	环境因子	解释率%	*P*
NH_4^+	27.7	0.002	T	21.7	0.002	IC	34.7	0.002
IC	15.6	0.002	IC	20.6	0.002	Cu	12.8	0.004
EC	13.4	0.002	EC	14.5	0.002	NH_4^+	7.1	0.022
DO	11.2	0.006	NH_4^+	11.7	0.002	T	7	0.028
T	7.6	0.004	DO	8	0.002	Zn	5.7	0.008
Cu	5.8	0.026	Cu	6.6	0.002	DO	5.2	0.01
SO_4^{2-}	4.6	0.016	NO_3^-	3.6	0.008	pH	5.1	0.04
PCNM1	3.7	0.014				PCNM1	4.3	0.008

表4-8 单独的环境因素（E|S）、单独的空间因素（S|E）、环境因素和空间因素的交互作用（E×S）以及环境因素和空间因素的共同作用（E+S）对7月真菌群落分布格局解释率的方差分解结果

参数	所有 OTUs			优势类群			稀有类群		
	解释率%	*F*	*P*	解释率%	*F*	*P*	解释率%	*F*	*P*
E|S	85.0	21.1	0.002	84.8	19.3	0.002	66.7	8.5	0.002
S|E	9.0	13.6	0.002	1.0	2.2	0.102	8.4	5.9	0.004
E×S	−3.4	–	–	4.1	–	–	−3.0	–	–
E+S	90.7	21.4	0.002	89.8	19.4	0.002	72.2	8.5	0.002

4.5.3 9月真菌群落的多样性格局

真菌群落组成在不同采样点存在明显的变化，共有22个OTU属于优势类群，它们的平均相对丰度是72.96%。OTU31、OTU36、OTU39和OTU52的相对丰度从L1到L3逐渐降低，而OTU32和OTU54的相对丰度在L2较大；OTU4、OTU31、OTU35和OTU54的相对丰度从R1到R3逐渐减小。DSW中优势OTU的个数是15个，而USW中优势OTU的个数是10个，且共有的6个OTU的相对丰度也差异明显。稀有类群共有34个OTU且它们的相对丰度均是在下游（L3和R3）最大，稀有类群的平均相对丰度是17.70%，说明稀有类群提高了整个群落的物种多样性，而优势类群则主要影响群落的丰度变化（图4-13）。

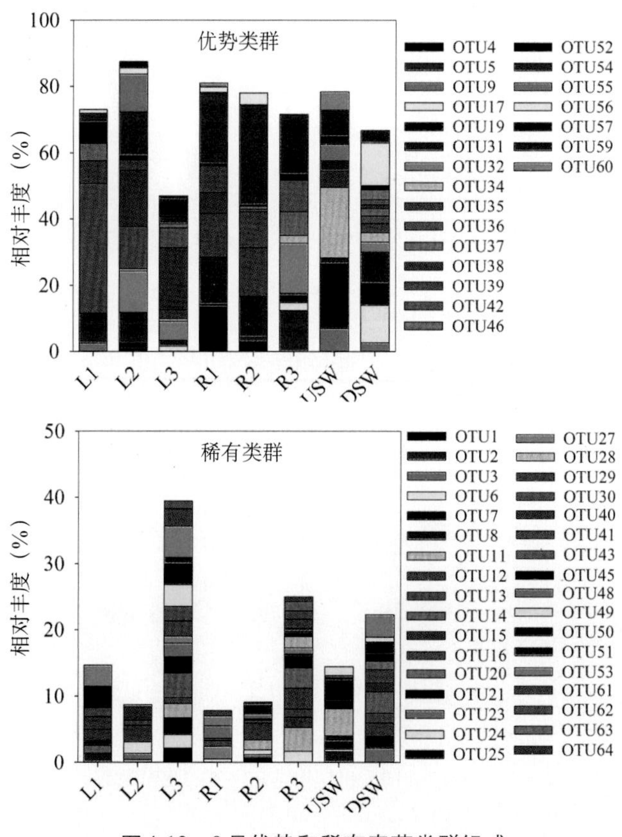

图4-13 9月优势和稀有真菌类群组成

整个群落的α多样性指数在不同采样点差异显著，表现为从上游到下游递增的趋势，且DSW中的多样性高于USW中的多样性；在优势类群中这种趋势只出现在左侧采样点，右侧3个采样点间没有显著变化；稀有类群中不同指数的变化趋势不同，OTUs、Simpson和Shannon指数在L3最大，而Chao-1指数在不同采样点间没有显著差异（图4-14c）。

不同采样点真菌群落的拷贝数明显不同（图4-15）。在R2采样点群落的拷贝数最大，L2、L3和R3之间没有显著差异，L1、R1、USW和DSW间没有显著差异。优势类群的生态位比稀有类群的生态位稍宽一些（图4-16）。

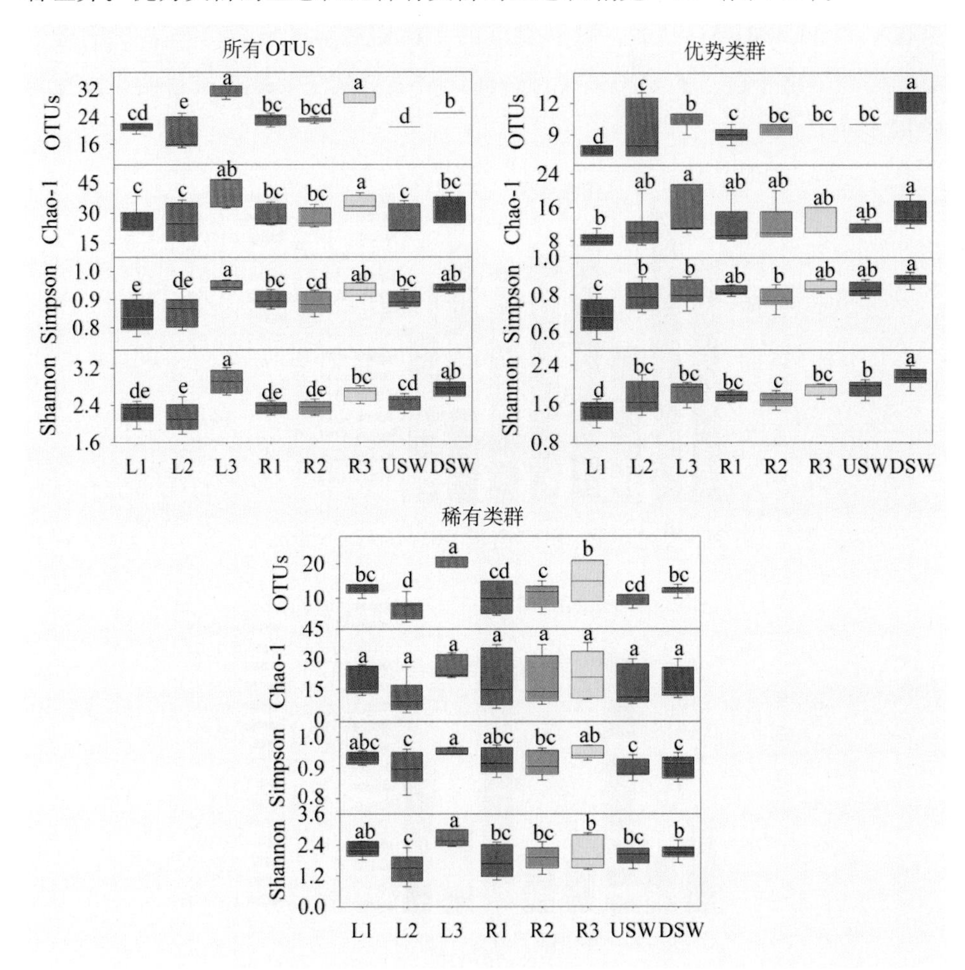

图4-14　9月8个采样点真菌群落的α多样性指数

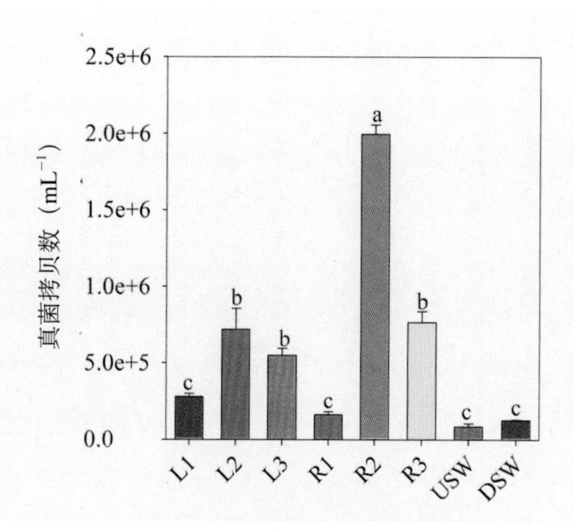

图4-15　9月真菌群落拷贝数

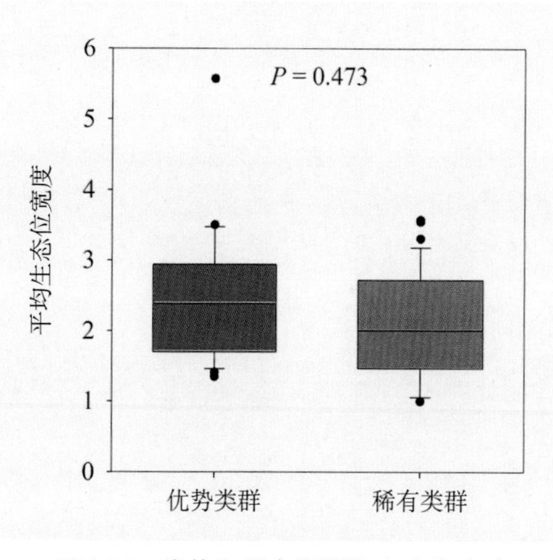

图4-16　优势和稀有类群的生态位宽度

真菌群落的拷贝数和α多样性变化趋势与水体理化参数有显著的相关性(表4-9)。拷贝数与pH、EC、As和PCNM1显著正相关，与IC浓度显著负相关。整个群落的OTUs与TC和TOC浓度显著正相关；多样性指数与pH和NO_3^-显著负相关，与TC浓度显著正相关。优势类群的多样性指数与NO_3^-、NO_2^-和SO_4^{2-}浓度显著负相关，与TC浓度显著正相关。稀有类群的多样性指数与DO浓度显著负相关，与EC、TOC、SO_4^{2-}和As浓度显著正相关。

表4-9　水体理化参数与9月真菌群落α多样性指数的相关性

参数	所有 OTUs					优势类群				稀有类群			
	16S rDNA 拷贝数	OTUs	Chao-1	Simpson	Shannon	OTUs	Chao-1	Simpson	Shannon	OTUs	Chao-1	Simpson	Shannon
T	−0.07	0.07	0.01	−0.01	−0.05	−0.03	−0.02	−0.13	−0.15	0.21	−0.15	0.02	0.27
pH	0.48*	−0.12	−0.13	−0.33	−0.42*	−0.46*	−0.27	−0.61**	−0.62**	−0.01	0.03	0.28	−0.05
DO	−0.40	−0.18	−0.17	0.06	0.10	0.16	−0.06	0.21	0.30	−0.28	−0.64**	−0.40	−0.13
EC	0.77**	0.33	0.30	0.05	−0.01	−0.14	0.10	−0.26	−0.31	0.30	0.59**	0.53**	0.04
NO_3^-	0.34	−0.19	−0.20	−0.47*	−0.61**	−0.71**	−0.48*	−0.52**	−0.63**	−0.02	0.35	0.28	−0.17
NO_2^-	0.19	0.03	0.01	−0.21	−0.37	−0.55**	−0.34	−0.53**	−0.60**	0.23	0.40	0.46*	0.13
NH_4^+	−0.03	0.13	0.21	0.26	0.28	0.11	0.04	0.15	0.21	0.08	0.24	0.20	0.04
TC	−0.15	0.41*	0.39	0.48*	0.41*	0.45*	0.50*	0.48*	0.45*	0.05	0.14	−0.05	−0.11
TOC	0.24	0.43*	0.39	0.24	0.10	0.04	0.27	0.10	−0.02	0.22	0.54**	0.26	−0.08
IC	−0.53**	0.08	0.09	0.31	0.30	0.41*	0.34	0.49*	0.49*	−0.25	−0.25	−0.37	−0.21
SO_4^{2-}	0.37	−0.02	−0.05	−0.27	−0.31	−0.57**	−0.40	−0.74**	−0.71**	0.40	0.45*	0.51*	0.33
As	0.63**	0.31	0.31	0.11	0.00	−0.12	0.17	−0.35	−0.36	0.20	0.50*	0.56**	−0.02
Cd	−0.16	0.06	0.02	−0.07	0.07	−0.01	−0.03	−0.22	−0.09	0.23	0.07	0.03	0.27
Cu	0.10	−0.22	−0.22	−0.34	−0.34	−0.22	−0.18	−0.14	−0.20	−0.35	−0.25	−0.20	−0.38
Pb	−0.14	−0.07	−0.05	−0.09	−0.04	−0.21	−0.23	−0.22	−0.17	0.19	0.04	0.08	0.28
Zn	−0.40	−0.13	−0.09	0.23	0.28	0.35	0.05	0.48*	0.50*	−0.11	−0.32	−0.46*	0.03
PCNM1	0.60**	−0.27	−0.25	−0.27	−0.22	−0.03	−0.02	0.04	0.01	−0.37	−0.22	−0.33	−0.42*

不同采样点真菌群落的结构存在差异（图4-17，表4-10），整个群落、优势和稀有类群的结构各不相同，表明整个群落中不同的类群具有不同的空间分布格局。整个群落中L1、R1和R2聚在一起，优势类群中R1和R2聚在一起，其余采样点的类群都比较分散，稀有类群中L3、R3和USW聚在一起，L1、R1和R2聚在一起，表明它们有相似的生态位（图4-17）。

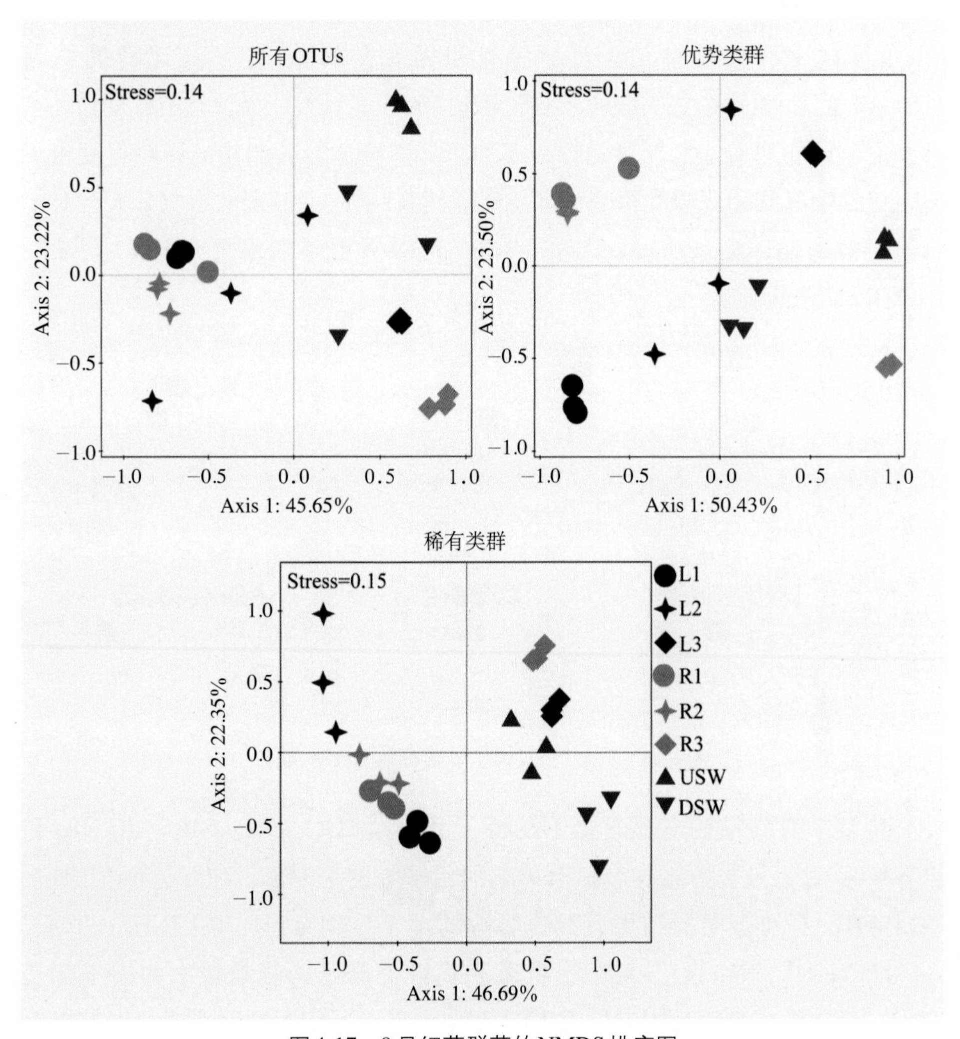

图4-17　9月细菌群落的NMDS排序图

表4-10　9月真菌群落的PERMANOVA分析结果

分类	所有OTUs			优势类群			稀有类群		
	F	R^2	P	F	R^2	P	F	R^2	P
组别	18.652	0.891	0.001	19.612	0.896	0.001	17.488	0.884	0.001

9月真菌群落的结构（包括优势和稀有类群），是环境选择的结果（图4-18）。总的来说优势类群受到环境选择的强度最大，而稀有类群受到环境选择的影响相对较小。环境选择对不同采样点真菌群落结构的影响程度也不同，对整个群落和优势类群来说环境过滤对R3采样点群落的影响最大，对于稀有类群来说环境过滤对L2、R3、USW和DSW群落的影响大于对L1、L3、R1和R2群落的影响。

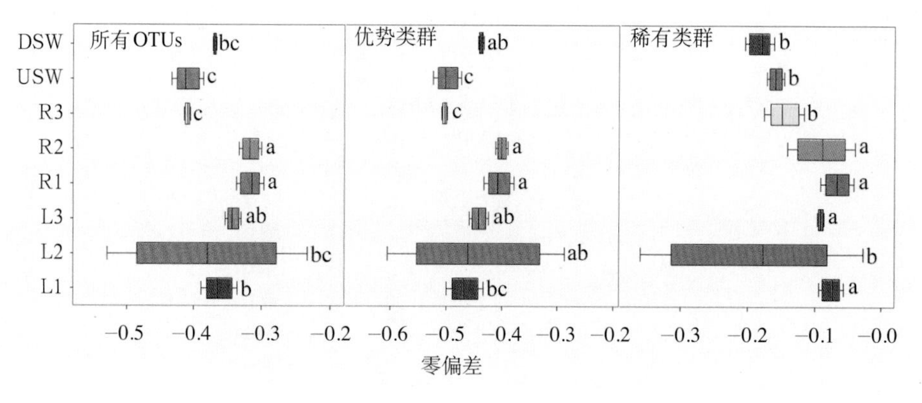

图4-18　9月8个采样点真菌群落的零偏差值

对整个群落结构有显著影响的因子分别是TOC、pH、NH_4^+、IC、As和PCNM1；对优势类群结构有显著影响的因子分别是TOC、NO_2^-、As、NH_4^+、TC和pH；对稀有类群结构有显著影响的因子分别是pH、IC、NH_4^+、TOC、As和PCNM1（表4-11）。对整个群落和优势类群结构影响最大的因子都是TOC，而对稀有类群结构有显著影响的因子是pH，同时空间距离只对整个群落和稀有类群有影响。

表4-11 前选择结果中对9月真菌群落结构有显著影响的环境因子

所有 OTUs			优势类群			稀有类群		
环境因子	解释率%	*P*	环境因子	解释率%	*P*	环境因子	解释率%	*P*
TOC	16.3	0.002	TOC	23.0	0.002	pH	11.4	0.004
pH	13.8	0.002	NO_2^-	15.0	0.002	IC	10.5	0.004
NH_4^+	11.5	0.002	As	9.6	0.01	NH_4^+	9.9	0.008
IC	9.2	0.004	NH_4^+	8.7	0.006	TOC	9.1	0.002
As	9.9	0.002	TC	7.5	0.004	As	8.5	0.006
PCNM1	5.7	0.004	pH	5.7	0.046	PCNM1	8.4	0.002

通过VPA分析，我们发现环境过滤是影响9月真菌群落多样性格局的主要驱动力。虽然扩散限制对整个群落和稀有类群也有影响，但是相对作用显著低于环境因子（表4-12）。单独的环境因子对3个群落的解释率分别是50.3%、55.1%和38.5%；单独的空间距离对不同群落的解释率分别是4.8%、–0.9%和7.5%；二者共同的解释率分别是54.7%、57.9%和43.0%。

表4-12 单独的环境因素（E|S）、单独的空间因素（S|E）、环境因素和空间因素的交互作用（E × S）以及环境因素和空间因素的总和（E+S）对9月真菌群落分布格局解释率的方差分解结果

参数	所有 OTUs			优势类群			稀有类群		
	解释率%	*F*	*P*	解释率%	*F*	*P*	解释率%	*F*	*P*
E|S	50.3	5.9	0.002	55.1	5.8	0.002	38.5	4	0.002
S|E	4.8	2.9	0.004	–0.9	0.6	0.634	7.5	3.4	0.002
E × S	–0.4	–	–	3.8	–	–	–3	–	–
E+S	54.7	5.6	0.002	57.9	5.5	0.002	43.0	3.9	0.002

4.5.4 12月真菌群落的多样性格局

优势类群中共有25个OTU，平均相对丰度是82.47%。OTU3、OTU6、OTU12、OTU17和OTU35的相对丰度沿水流方向逐渐减小，而OTU13的相对丰度沿水流方向逐渐增加，OTU25、OTU26和OTU34的相对丰度在中游L2处

最大。稀有类群中共有18个OTU，平均相对丰度是12.37%。上游（L1和R1）采样点的稀有类群与中游和下游（L2、L3、R2和R3）采样点的稀有类群组成变化显著，而USW中只有一个稀有类群OTU21（图4-19）。

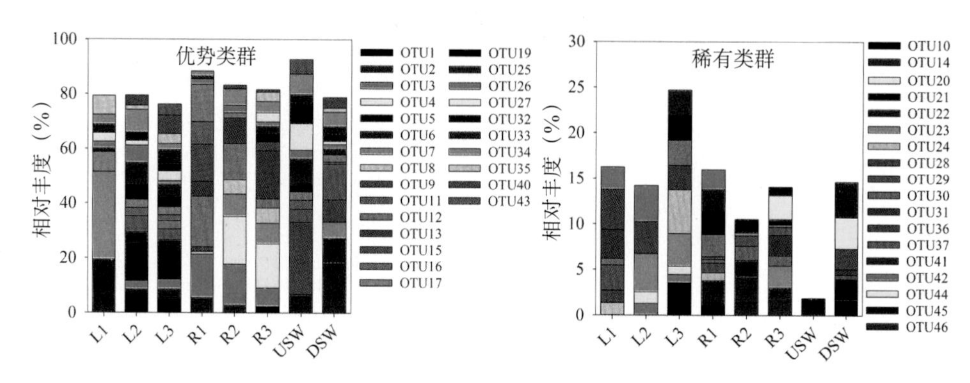

图4-19　12月优势和稀有真菌类群组成

在12月真菌群落的拷贝数在DSW采样点最大，在尾矿库内部中游（L2和R2）采样点的拷贝数最大（图4-20）。优势类群的生态位显著高于稀有类群的生态位（图4-21），说明优势类群的分布范围更广，适应能力更强。群落的α多样性沿环境梯度呈现一定的变化规律，沿水流方向从上游到下游逐渐增大，下游渗流水中群落的α多样性高于上游渗流水中群落的α多样性（图4-22）。对于稀有类群来说，只在右侧采样点有这种变化趋势，说明群落中不同类群对环境的适应能力不同。

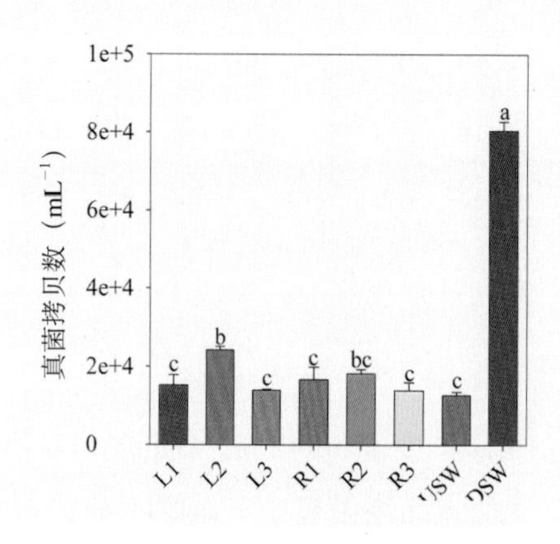

图4-20　12月真菌群落拷贝数

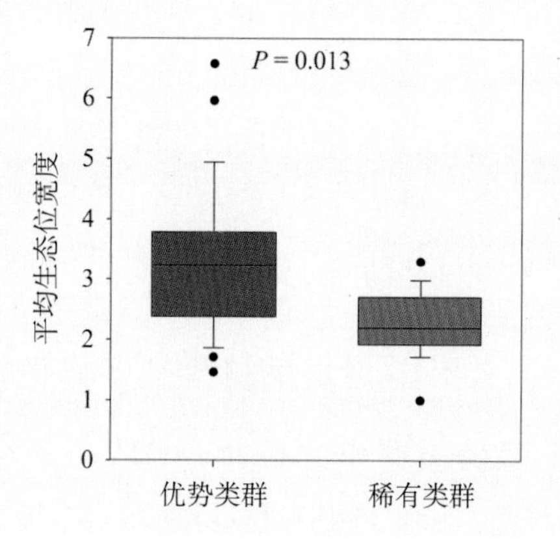

图4-21　优势和稀有类群的生态位宽度

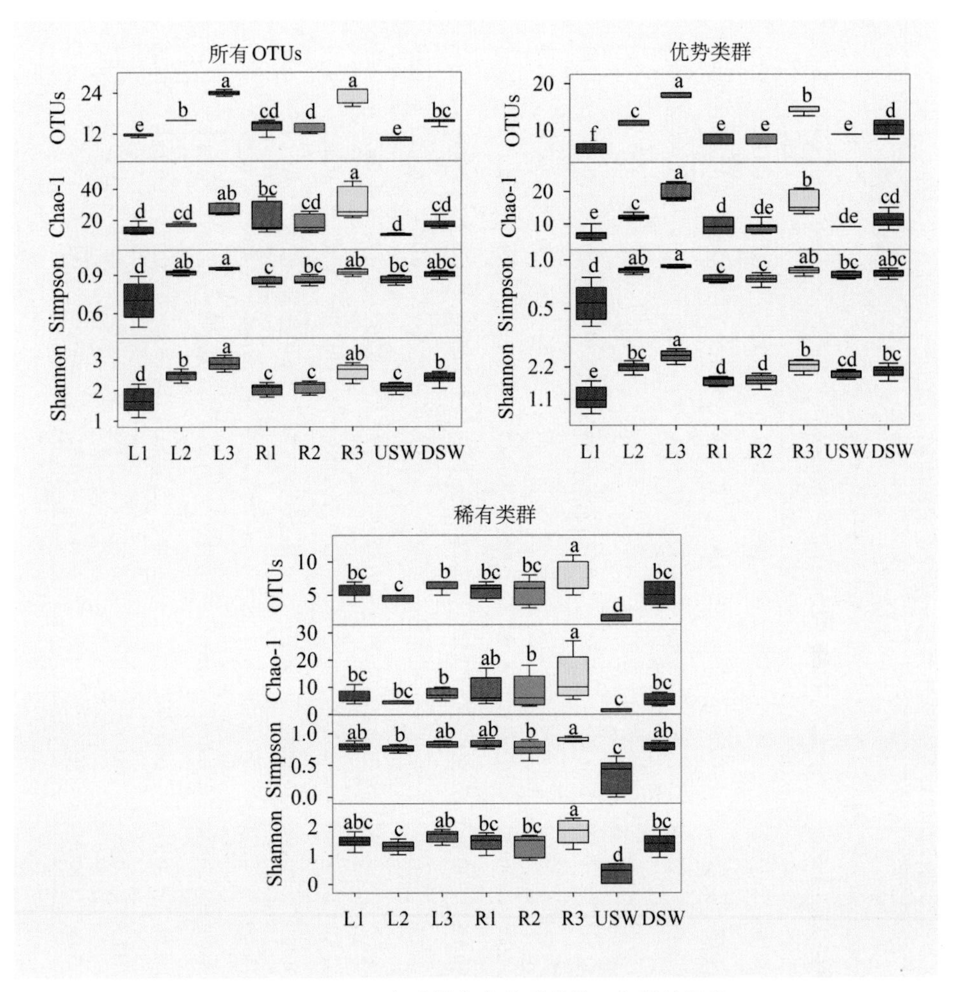

图4-22　12月8个采样点真菌群落的α多样性指数

群落的丰度和α多样性变化与环境参数有显著相关性（表4-13）。拷贝数与EC、Pb和TOC显著相关。整个群落的OTUs与已测的所有理化参数均没有显著相关性；Chao-1指数与T和TC浓度显著相关；多样性指数与NO_3^-、NH_4^+和SO_4^{2-}浓度显著负相关。优势类群的丰富度和多样性指数与NO_3^-、NH_4^+和SO_4^{2-}浓度显著负相关。TC浓度与稀有类群的丰富度和多样性指数均显著负相关，而Chao-1指数还与T、EC和NO_3^-浓度显著相关，空间距离对群落的α多样性没有显著影响。

表4-13 水体理化参数与12月真菌群落α多样性指数的相关性

参数	所有 OTUs					优势类群				稀有类群			
	16S rDNA 拷贝数	OTUs	Chao-1	Simpson	Shannon	OTUs	Chao-1	Simpson	Shannon	OTUs	Chao-1	Simpson	Shannon
T	−0.14	0.08	0.42*	−0.03	0.02	0.11	0.22	0.06	0.09	0.22	0.41*	0.12	0.03
pH	−0.16	0.21	0.06	0.07	0.12	0.05	0.06	0.04	0.03	0.30	0.16	0.18	0.40
DO	−0.21	−0.18	0.03	−0.07	−0.08	0.15	0.06	0.12	0.14	−0.21	−0.05	−0.20	−0.36
EC	−0.41*	−0.01	0.32	−0.31	−0.22	−0.27	−0.07	−0.37	−0.35	0.37	0.54**	0.37	0.36
NO_3^-	−0.13	−0.17	0.12	−0.52**	−0.43*	−0.56**	−0.34	−0.62**	−0.61**	0.36	0.50*	0.35	0.33
NO_2^-	−0.05	0.02	0.09	−0.29	−0.23	−0.34	−0.13	−0.35	−0.37	0.22	0.26	0.29	0.31
NH_4^+	−0.13	−0.11	0.23	−0.44*	−0.37	−0.52**	−0.25	−0.56**	−0.56**	0.37	0.49*	0.33	0.33
TC	−0.07	−0.22	−0.56**	0.18	0.11	0.12	−0.12	0.21	0.19	−0.59**	−0.76**	−0.49*	−0.41*
TOC	0.41*	0.39	0.04	0.29	0.29	0.08	0.14	0.14	0.12	0.19	−0.04	0.16	0.25
IC	−0.16	−0.01	−0.04	0.32	0.24	0.33	0.18	0.35	0.36	−0.26	−0.28	−0.15	−0.24
SO_4^{2-}	−0.18	−0.18	0.14	−0.52**	−0.46*	−0.52*	−0.27	−0.55**	−0.55**	0.23	0.38	0.18	0.19
As	−0.28	−0.07	−0.07	0.13	0.06	0.16	−0.01	0.16	0.17	0.07	−0.07	0.11	0.11
Cd	−0.33	−0.24	0.00	−0.22	−0.23	−0.14	−0.11	−0.10	−0.11	−0.08	0.10	−0.25	−0.10
Cu	−0.32	−0.08	−0.02	0.03	−0.04	0.07	0.01	0.11	0.10	0.06	−0.02	0.04	0.10
Pb	−0.45*	0.33	0.25	0.39	0.33	0.37	0.37	0.37	0.39	0.15	−0.01	0.20	0.23
Zn	−0.27	0.10	−0.12	0.12	0.15	0.09	−0.02	0.13	0.11	0.10	−0.20	0.08	0.17
PCNM1	0.24	0.10	−0.12	0.18	0.19	0.24	0.13	0.24	0.22	−0.20	−0.11	−0.28	−0.22

不同采样点的群落结构存在差异（表4-14），优势类群的空间分布与整个群落的空间分布具有相似性，而稀有类群与前两者明显不同（图4-23）。在整个群落和优势类群中，R1、R2和R3采样点的群落结构明显不同，但是在稀有类群中R2和R3采样点的群落聚在一起。在L1、L2和L3这3个采样点中，群落的空间分布格局的差异性不显著。

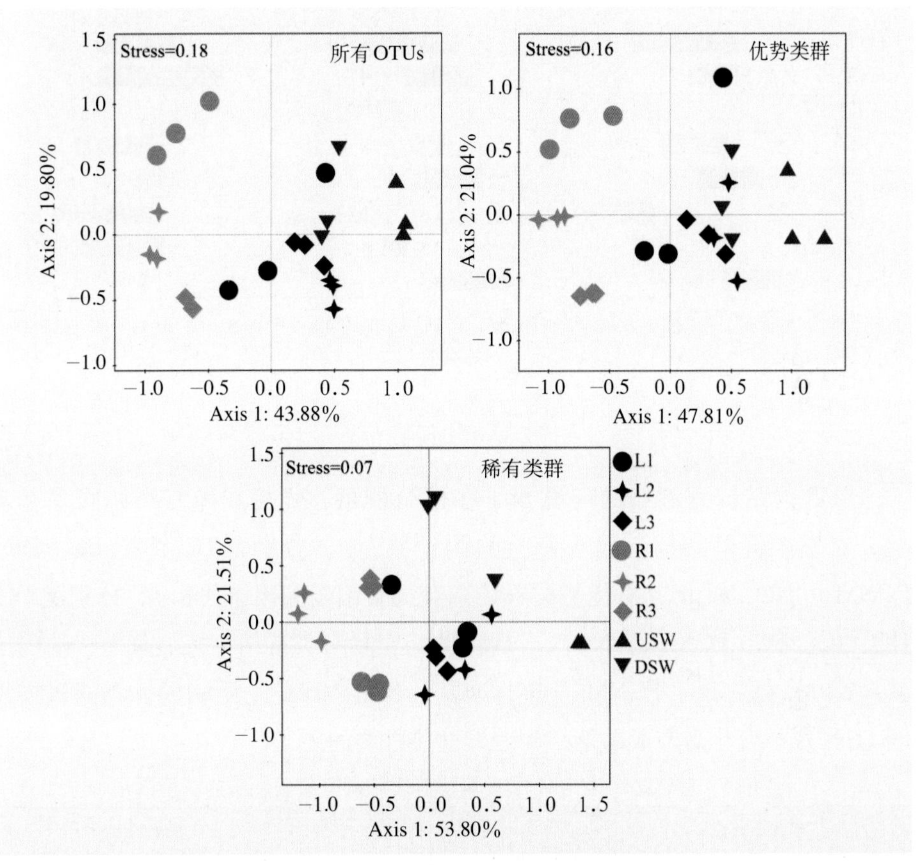

图4-23 12月真菌群落的NMDS排序图

表4-14 12月真菌群落的PERMANOVA分析结果

分类	所有OTUs			优势类群			稀有类群		
	F	R^2	P	F	R^2	P	F	R^2	P
分组	8.23	0.78	0.001	7.99	0.78	0.001	7.45	0.77	0.001

环境过滤引起了不同采样点真菌群落结构的差异（图4-24）。这种选择强度在整个群落和优势类群中沿水流方向逐渐减弱，而在USW和DSW中没有显著差异，在稀有类群中也是同样的趋势，只是差异性不显著。相对于整个群落和优势类群来说，环境选择对稀有类群的影响最小（图4-24）。

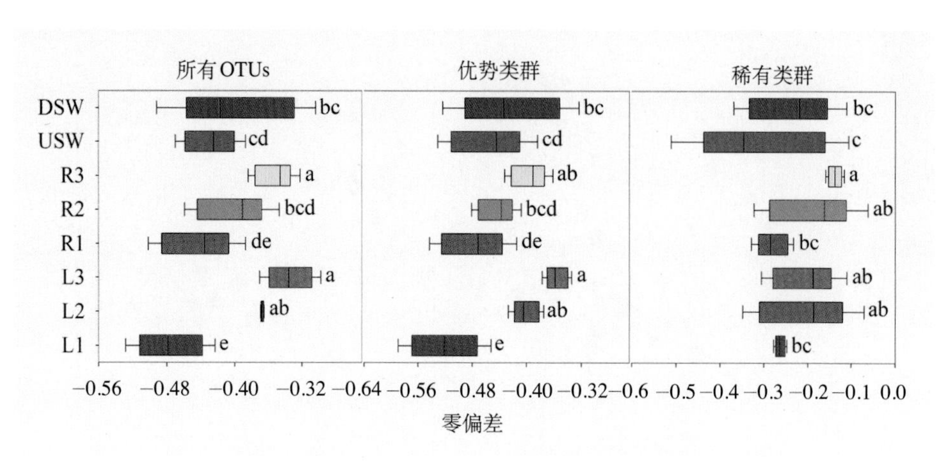

图4-24　12月8个采样点真菌群落的零偏差值

对群落结构有影响的环境因子在整个群落、优势和稀有类群间存在差异。对整个群落结构有显著影响的因子共7个，分别是TC、IC、EC、DO、PCNM1、NO_3^-和pH；对优势类群结构有显著因子的因子共8个，分别是TC、DO、IC、EC、PCNM1、NO_3^-、pH和Pb；对稀有类群结构有显著因子的因子共6个，分别是TC、PCNM1、IC、NO_2^-、NO_3^-和EC（表4-15）。不同采样点间TC浓度的变化是造成群落结构差异性最重要的因子。

表4-15　前选择结果中对12月真菌群落结构有显著影响的环境因子

所有 OTUs			优势类群			稀有类群		
环境因子	解释率 %	*P*	环境因子	解释率%	*P*	环境因子	解释率%	*P*
TC	13.6	0.002	TC	14.0	0.002	TC	15.4	0.002
IC	12.5	0.002	DO	13.6	0.002	PCNM1	10.3	0.002
EC	9.2	0.002	IC	10.6	0.002	IC	9.9	0.002
DO	8.8	0.002	EC	9.3	0.002	NO_2^-	8.7	0.002
PCNM1	8.2	0.002	PCNM1	7.9	0.004	NO_3^-	6.7	0.006

（续）

所有OTUs			优势类群			稀有类群		
环境因子	解释率%	*P*	环境因子	解释率%	*P*	环境因子	解释率%	*P*
NO_3^-	7.6	0.006	NO_3^-	7.8	0.004	EC	5.1	0.024
pH	5.0	0.008	pH	5.1	0.01			
			Pb	4.2	0.02			

环境因子和空间距离对群落结构的影响通过VPA分析获得。环境因子和空间距离对整个群落、优势和稀有类群结构都有显著影响，但是对不同群落的影响强度不同（表4-16）。单独的环境因子对3个群落的解释率分别是46.7%、55.5%和34.5%，单独的空间距离对它们的解释率分别是9.0%、8.5%和7.4%。环境因子和空间距离的交互作用对群落结构的影响为负值，说明二者的交互作用减小了群落的相异性。环境因子和空间距离对3个群落共同解释率分别是49.6%、57.8%和40.7%。

表4-16　单独的环境因素（E|S）、单独的空间因素（S|E）、环境因素和空间因素的交互作用（E×S）以及环境因素和空间因素的总和（E+S）对12月真菌群落分布格局解释率的方差分解结果

参数	所有OTUs			优势类群			稀有类群		
	解释率%	*F*	*P*	解释率%	*F*	*P*	解释率%	*F*	*P*
E|S	46.7	4.4	0.002	55.5	5.1	0.002	34.5	3.6	0.002
S|E	9.0	4.0	0.002	8.5	4.2	0.006	7.4	3.2	0.002
E×S	−6.1	-	-	−6.2	-	-	−1.2	-	-
E+S	49.6	4.2	0.002	57.8	4.9	0.002	40.7	3.6	0.002

4.5.5 真菌群落多样性格局的季节动态

真菌群落的拷贝数在9月最高，5月、7月和12月间则没有显著差异（表4-17）。OTUs和Chao-1指数在9月最大而在7月最小，Simpson和Shannon指数在4个月份间没有显著的变化（表2-22）。

表4-17 4个月份真菌群落的α多样性指数

	OTUs	Chao-1	Simpson	Shannon	rDNA-ITS1拷贝数/mL
5月	54.67±2.33ab	68.00±7.02a	0.98±0.01a	3.23±0.18a	$1.30\times10^5\pm2.76\times10^4$b
7月	35.33±3.64c	43.61±5.13b	0.94±0.02a	2.82±0.06a	$8.13\times10^4\pm1.38\times10^4$b
9月	64.66±5.49a	75.35±5.75a	0.98±0.01a	3.16±0.25a	$5.86\times10^5\pm1.24\times10^5$a
12月	47.67±3.51bc	47.96±2.12b	0.97±0.00a	3.12±0.23a	$2.44\times10^4\pm4.50\times10^3$b

真菌群落拷贝数和α多样性指数的季节变化与环境参数有一定的相关性（图4-25）。拷贝数与Zn的浓度显著正相关，OTUs与Cd浓度显著负相关，但是Chao-1指数的变化与理化参数没有显著的相关性（图4-25）。

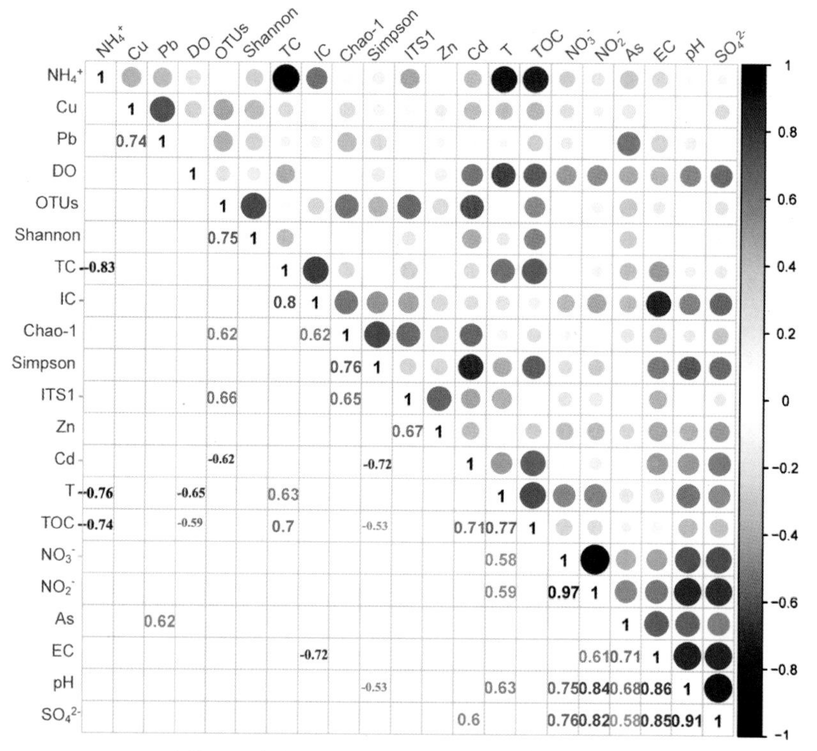

图4-25 水体理化参数与4个月份真菌群落α多样性指数的相关性

NMDS排序分析了不同月份真菌群落的空间结构，7月和9月真菌群落具有明显不同的空间分布格局，而5月和12月的真菌群落具有重叠部分

(图4-26)。真菌群落的季节动态是环境选择驱动的，且在不同季节它们的零偏差值没有显著的差异，说明环境选择对不同季节群落结构的影响强度是相似的（图4-27)。造成真菌群落结构发生季节变化的影响因子共10个，分别是Cd、Pb、T、pH、NH_4^+、As、TC、EC、Temporal和DO（表4-18)。对群落结构影响最大的是重金属Cd，温度的变化只解释了4.3%，季节变化解释了1.7%。

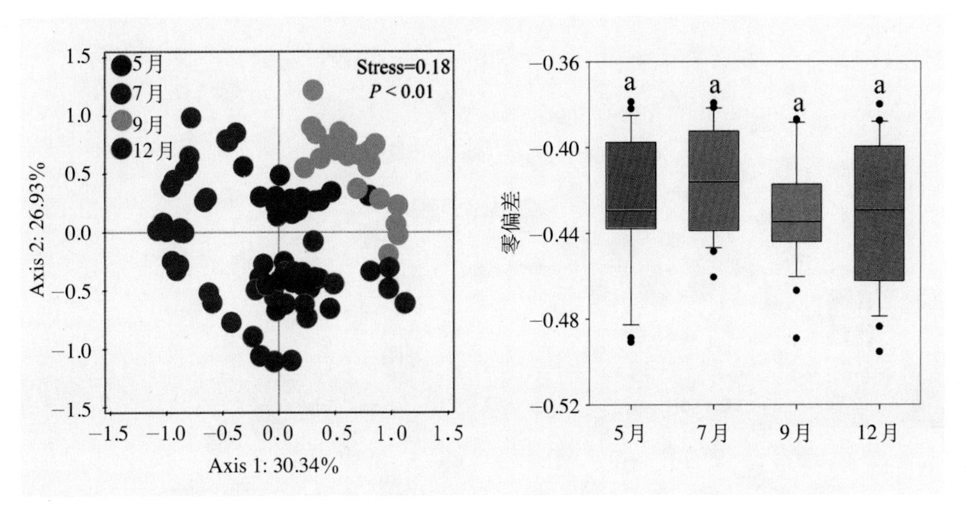

图4-26 4个月份真菌群落的NMDS排序图　　图4-27 4个月份真菌群落的零偏差值

表4-18 前选择结果中对4个月份真菌群落结构有显著影响的环境因子

环境因子	Cd	Pb	T	pH	NH_4^+	As	TC	EC	Temporal	DO
解释率%	11.8	5.4	4.3	2.3	2.3	2.9	2.7	1.8	1.7	1.6
P	0.002	0.002	0.002	0.002	0.004	0.004	0.002	0.002	0.006	0.008

单独的环境因子和单独的季节变化对群落结构的影响都是显著的，它们各自的解释率分别是27.2%和1.1%，二者交互作用的解释率是2.5%，二者共同的解释率是30.9%（表4-19)。总的来说，虽然环境选择是造成真菌群落季节分布格局多样性的主要驱动力，但是总的解释率较低，而种间相互作用的在7月比较简单，在9月较复杂（图4-28)。

表4-19　单独的环境因子（E|T）、单独的季节变化（T|E）、环境因子和季节变化的交互作用（E×T）以及环境因子和空间因素的共同作用（E+T）对真菌群落季节变化解释率的方差分解结果

参数	E|T	T|E	E×T	E+T
解释率%	27.2	1.1	2.5	30.9
F	4.4	2.3	-	4.5
P	0.002	0.004	-	0.002

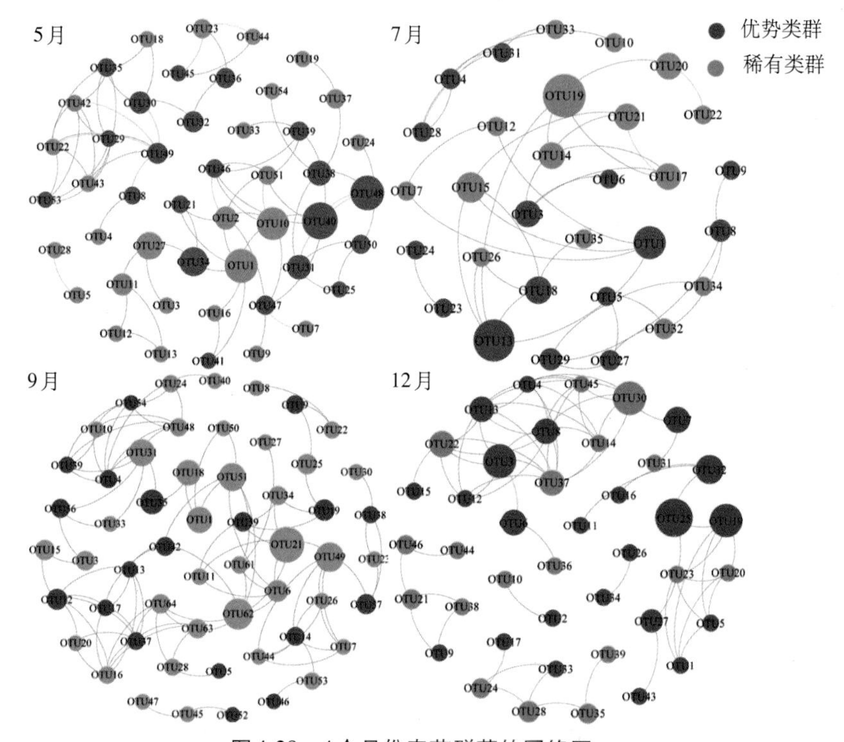

图4-28　4个月份真菌群落的网络图

4.6 讨论

4.6.1 5月真菌群落的多样性格局及其影响因素

研究结果表明，在5月铜尾矿废水中不同采样点真菌群落的组成（图4-1

和图4-2)、α多样性（图4-4）和β多样性（图4-5，表4-2）主要受环境变化的影响（表4-1，表4-3和图4-6）。环境过滤比扩散限制的调控作用更显著(表4-4)，说明在该区域生态位过程对真菌群落构建的重要性。这主要是由于占主导地位的优势类群的广泛存在（图4-3)，使得空间距离不那么显著。不论是α多样性（图4-4）还是β多样性（图4-5)，优势类群都与整个群落有很高的相似性。该结果与Hirose等[185]对南极大陆无冰海岸与苔藓相关真菌的群落构建的研究具有一致性。事实上，不同的OTU对碳含量、氮含量、重金属含量以及硫含量等环境因素的反应存在差异性[185]，导致了它们对环境梯度的适应性不同。NO_3^-浓度与整个群落、优势和稀有类群的丰富度有显著的负相关性（表4-1)，说明氮污染明显减少了真菌群落的丰富度。研究表明真菌群落与总碳含量有显著的相关性[178, 186]，因为真菌群落是难降解有机碳的主要分解者，但是在本研究中我们没有发现类似的结果，这说明在不同的生境中真菌群落的主要功能存在差异。

pH是造成真菌群落结构差异性最重要的因子（表4-3)，主要的原因是在本研究区域pH有明显的梯度（表2-1)。已有的研究也发现，pH是真菌群落最重要的预测因子[178, 187, 188]，虽然在5月水体的pH范围是8.0 ~ 9.5，并没有很大的区间范围，但是对群落结构的影响也是显著的，说明在强酸或强碱的环境中即使有较小的pH区间，也会造成真菌群落结构明显的变化。pH通过影响细胞与外界物质的离子交换[178]和对营养物质的利用能力[189]，从而影响群落结构。环境因素虽然对真菌群落构建的影响更大（表4-4)，但我们已测量的非生物因素并不能完全解释真菌群落组成的所有变化，其他未测量的因素也可能影响真菌群落构建。生物因素也是影响真菌群落构建的重要组成部分，如真菌不同类群间的生物相互作用[190]、捕食以及真菌与其他微生物之间的相互作用[191]等。此外，随机因素也对真菌群落的结构有显著的影响（表4-4)。

4.6.2 7月真菌群落的多样性格局及其影响因素

7月真菌群落的组成与5月相似，也是沿环境梯度有显著变化，且优势类群的OTU个数多于稀有类群的OTU个数（图4-7)。这与很多研究不一致，一般认为稀有类群的个数更多[44, 103, 192]，在本研究中主要是DGGE的局限性造成的。不同OTU在不同采样点的组成变化，说明它们的生态位不同。优势和稀有类群的α多样性变化趋势不同（图4-8），表明整个群落中不同类群对环境的适应机制不同，而优势类群的变化趋势与整个群落更相似，因此我们可以推断出整个群落的α多样性格局由优势类群主导。

不同采样点的真菌群落具有明显不同的空间格局（图4-11和表4-6），零模型分析结果表明环境选择影响了群落结构的多样性，优势类群比稀有类群受到的选择强度更大（图4-12）。说明随机扩散对稀有类群的影响更重要，该结论在VPA分析中得到了证实（表4-8），由于稀有类群的丰度低很难扩散成功，因此空间距离造成了群落结构的差异性。虽然优势类群的空间分布与整个群落高度相似，但是对它们影响最大的因素却存在差异（表4-7），这样的结果说明结构与功能的不完全一致性。NH_4^+和IC对群落结构有显著的影响，说明真菌群落在氮和碳循环过程中的重要性[193, 194]。

4.6.3 9月真菌群落的多样性格局及其影响因素

9月真菌群落的组成和丰度沿环境梯度有显著变化（图4-13，图4-15），少数优势类群的相对丰度在污染严重的上游较高，而大量稀有类群的相对丰度却在污染相对较小的下游较高。这样的变化趋势说明只有少数的类群能够适应高污染的生境，不适应环境的物种则被筛选掉[22]，也说明污染明显降低了真菌群落的多样性。群落的α多样性沿水流方向逐渐增大，这种趋势在左侧更明显（图4-14），这是由于在尾矿库两侧的水体理化因子不同，右侧水体中的碳含量显著高于左侧水体中的碳含量（表2-3）。在右侧岸边生长有抗性较高的山枣等小灌木和多种草本植物，在雨水的冲刷下植物的凋落物和土壤养分被带入尾矿库中，从而引起水体中碳含量的提高。真菌群落的多样性在DSW中高于在USW中，主要有两方面的原因：首先，上游渗流水的流速比下游渗流水的流速快；其次下游渗流水的污染程度明显小于上游渗流水的污染程度。

环境过滤驱动了9月群落的多样性格局（图4-18），但是扩散限制同样对群落结构有影响，这种影响主要体现在对稀有类群的影响上（表4-12）。对整个群落和优势类群结构影响最大的因子都是TOC，而对稀有类群结构影响最大的因子是pH（表4-11）。在自然环境中，真菌群落是难降解有机碳的主要分解者，包括木质素、纤维素[194]和多种烃类物质[115]，尾矿废水中由于浮选剂的使用，存在多种有机碳污染物[24]，且有明显的梯度，因此对群落结构的影响显著。pH对稀有类群的影响更显著，可能是由于稀有类群的个体数量较少，对环境梯度的变化更敏感。

4.6.4 12月真菌群落的多样性格局及其影响因素

群落的多样性格局是对环境适应性的表现，优势和稀有类群中不同的OTU在不同采样点的相对丰度不同（图4-19），表明不同的类群对环境的适应机制不同。在12月真菌群落的拷贝数在DSW中最大（图4-20），主要的原因是DSW中TOC含量最高（表2-4），而TOC的含量与真菌的拷贝数显著正相关（表4-13），从而促进了真菌群落的繁殖[195]。群落的α多样性从上游到下游沿水流方向递增，且DSW中群落的多样性显著高于USW中群落的多样性，这种趋势主要在整个群落和优势类群中更为明显（图4-22）。它们的变化趋势主要受环境梯度的影响，尤其是NO_3^-、NH_4^+和SO_4^{2-}的影响（表4-13）。与优势类群和稀有类群有显著相关性的环境因子存在差异，说明各自的生活策略不同，由于优势类群的分布范围更广（图4-21），从而有更强的适应性。

环境过滤驱动了群落结构的多样性（图4-42，图4-23），不同的群落受到的选择强度不同，在污染严重的上游（L1和R1）零偏差值更小，说明选择强度更大。VPA结果表明（表4-16），环境过滤和扩散限制对群落结构都有显著的影响，但是环境过滤的影响强度更大。虽然对整个群落、优势和稀有类群结构有影响的因子存在差异，但是对3个群落的影响最大的都是TC含量，表明真菌群落在碳循环过程中的重要性。不论是在土壤[196]还是在水体中[197]，真菌群落在碳循环过程中都有重要的作用。

4.6.5 真菌群落的季节动态及其影响因素

真菌群落的拷贝数和丰富度均是在9月最大，有意思的是在7月真菌群落的OTU个数最少（表4-17），这可能与7月较高的pH、TC、TOC、SO_4^{2-}和Cd浓度（表2-5）有关。由于真菌群落对Cd的敏感性[198]，因此我们推测Cd的浓度显著抑制了群落的丰富度（图4-25）。

不同月份真菌群落的结构有明显的差异（图4-26），环境选择导致不同季节真菌群落结构的差异（解释率是27.2%）。季节变化对群落结构也有显著的影响，但是解释率只有1.1%，事实上季节变化最终导致的也是水体理化参数的改变。水体温度是随季节变化改变最明显的环境因子，而其他理化参数在不同季节间由于生产规模和矿石品位的差异而改变。虽然T是4个月之间变化最显著的因子（表2-5），但是对群落结构影响最大的前2个因子是重金属Cd和Pb（表4-18）。说明重金属即使有微量的变化也足以引起真菌群落结构的改变，相对于重金属的毒害来说，真菌群落对温度的适应性更强。当重金属Cd和Pb的浓度达到一定的量时就会产生生物毒性[199, 200]，只有少数耐重金属的物种才能存活下来，这可能也是造成7月真菌群落的OTU数量减少的重要原因。环境因子和时间变化对4个月份真菌群落结构差异性的解释率是30.9%，还有约70%的变量未解释，可能是种间相互作用（图4-28）和未测量的环境因子（如不同季节的降水量和人类活动强度等）对未解释部分有影响。

4.7 小结

研究结果表明，不同采样点真菌群落的多样性显著不同，尾矿废水的污染梯度造成了真菌群落α和β多样性的时空格局。虽然环境选择决定了真菌群落时空格局的多样性，但是扩散限制对真菌群落的结构也有影响，尤其是对稀有类群的影响更显著。整个群落的多样性格局与优势类群的多样性格局有很高的相似性，表明优势类群对整个群落结构的维持至关重要。优势真菌类群的生态位比稀有类群的生态位宽，表明优势类群受扩散限制的影响小；而稀有类群由于个体数的限制不容易扩散成功。在不同月份对群落结构影响最显著的因子不同，5月是pH，7月是NH_4^+，9月是TOC，12月是TC，而造成4个月份群落结构差异性的主要因素是重金属Cd浓度的变化。

5 真菌群落的空间格局及其适应机制

5.1 引言

尾矿废水中含有多种污染物，包括重金属和多种有机以及无机浮选剂。尾矿废水对周边的农田、河流以及地下水等生态系统造成了不同程度的影响[15]，最终影响人类的生命健康，因此对尾矿废水的治理是恢复生态的重要议题。由于尾矿废水中污染物质成分的多样性和复杂性，对尾矿废水的治理成为世界性难题。越来越多的研究表明，在酸性（AMD）[39, 47, 101]和碱性（AlkMD）[22, 24]尾矿废水中有大量的微生物存在，这些微生物能很好地在尾矿废水中生存。

近年来，利用微生物学指标来表征尾矿废水的污染程度越来越受到人们的普遍关注。研究表明，尾矿废水污染梯度对微生物群落的组成和结构有明显的分拣效应，在高污染区域微生物群落的组成、结构和多样性发生了明显变化，且微生物生物量和活性明显降低[15, 22, 24, 199]。对尾矿废水微生物群落适应性的研究大多针对的是细菌群落，而对真菌群落的研究还非常有限[60]，实际上真菌群落在尾矿废水中也扮演极其重要的角色，与细菌相比真菌对重金属的络合作用更强[201]，另一方面真菌群落的菌丝体可为细菌群落提供附着位点，形成生物膜，从而提高对废水的净化能力。真菌群落大多是好氧异养微生物，在各种环境中扮演着有机物分解者的重要角色[53]。真菌群落可促进物质循环，是生态系统健康的重要指示物种[180]。在极地苔原[202]、深海底泥[53, 203, 204]、重金属污染土壤[205]、干旱河谷[206]，以及尾矿废水[56, 59]等多种极端环境中都能找到真菌群落的身影。在土壤中C/N和pH梯度似乎是造成真菌群落组成和多样性发生变化的最主要的原因[207]，但是在尾矿废水中，特别是在AlkMD中真菌群落的适应机制是否与细菌群落相似，目前还不清楚。

本研究拟解决以下问题：①在AlkMD中真菌群落的组成和空间分布格局；②影响真菌群落空间分布格局的因素是什么；③细菌群落的空间格局和真菌群落的空间格局是否具有一定的关联性。

5.2 材料和方法

5.2.1 研究区概况

研究区概况见章节2.2。

5.2.2 采样点描述、样品采集与处理

采样点描述、样品采集与处理见章节3.2。

5.3 数据分析

数据分析见章节3.3。

5.4 结果

5.4.1 真菌群落结构与分类鉴定

根据97%的相似性，在5个采样点真菌群落的OTU个数分别是404、118、499、460和237（表5-1）。5个采样点的Shannon指数分别是5.49、2.39、5.09、2.98和2.58，表明在STW1和STW3中真菌群落的多样性较大；OTUs个数，以及ACE、Chao1和Simpson指数也是STW2最小（表5-1）。

表5-1 5个采样点真菌群落的丰富度和多样性估计

采样点	OTUs	ACE	Chao1	Shannon	Simpson
STW1	404	466.79	478	5.49	0.95
STW2	118	145.00	135	2.39	0.55
STW3	499	531.20	519	5.09	0.93

（续）

采样点	OTUs	ACE	Chao1	Shannon	Simpson
SUSW	460	485.06	484	2.98	0.58
SDSW	237	267.06	259	2.58	0.69

Bray-Curtis距离的PCoA排序结果表明，真菌群落在不同采样点的空间结构存在明显的差异，5个采样点可以分为3组：STW1和STW3；STW2和SUSW；SDSW（图5-1）。

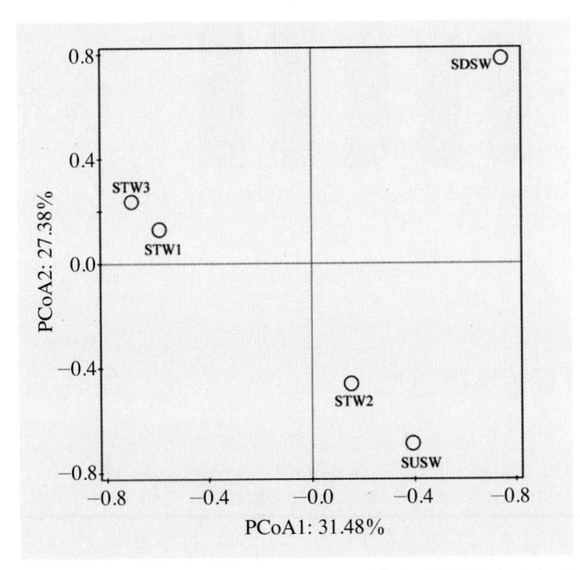

图5-1　基于Bray-Curtis距离的真菌群落相似性的主坐标分析

真菌群落共有6个门，包括子囊菌门（Ascomycota）、担子菌门（Basidiomycota）、接合菌门（Zygomycota）隐真菌门（Rozellomycota）球囊菌门（Glomeromycota）和壶菌门（Chytridiomycota）（图5-2）。这6个门的真菌在5个采样点均有分布，但是它们的相对丰度差异明显：在SDSW中子囊菌门的相对丰度最高，为92.99%；担子菌门的相对丰度在SUSW中最高，为70.17%；接合菌门在STW3中的相对丰度最高，为7.08%。在STW2中多数类群属于未分类群（80.64%），说明在STW2中真菌群落的结构更复杂。比较有意思的是，在对真菌ITS1区测序中还有少数的原生动物被检测到，如纤毛门（Ciliophora）、丝足虫类（Cercozoa）和Neocallimastigomycota，且纤毛门在STW1和STW3中的相对丰度大于1%，说明纤毛虫对AlkMD污染环境也有较好的适应性。

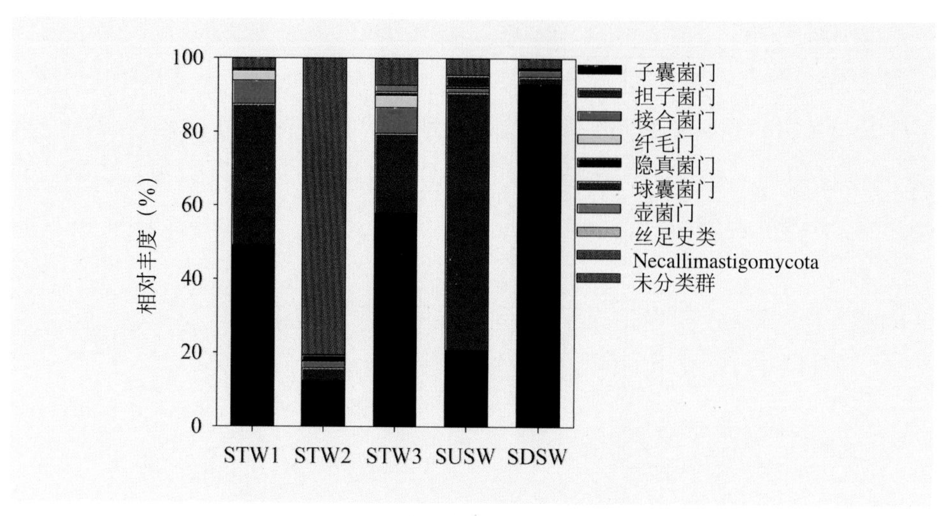

图5-2　不同采样点真菌群落在门水平的组成

5.4.2 优势真菌类群组成

在5个采样点，优势纲（相对丰度>1%）共有12个，平均相对丰度是70.68%；优势目共有15个，平均相对丰度是70.55%；优势科共有11个，平均相对丰度是51.75%；优势属共有19个，平均相对丰度是49.60%（图5-3）。布勒掷孢酵母属（*Bullera*）[隶属于银耳目（Tremellales），银耳纲（Tremellomycetes），担子菌门]的相对丰度在STW1和SUSW中最大分别是31.84％和68.43％；在STW2中*Schizangiella*[隶属于蛙粪霉科（Basidiobolaceae），蛙粪霉目（Basidiobolales），接合菌门]的相对丰度最大是1.79％；在STW3中支顶孢属（*Acremonium*）[隶属于肉座菌目（Hypocreales），粪壳菌纲（Sordariomycetes），子囊菌门]的相对丰度最大是15.25%；在SDSW中亚罗酵母属（*Yarrowia*）[隶属于酵母菌目（Saccharomycetales），酵母菌纲（Saccharomycetes），子囊菌门]的相对丰度最大是41.57%（图5-3）。不同类群在不同采样点的组成具有明显的不同，说明它们对环境的适应机制不同。

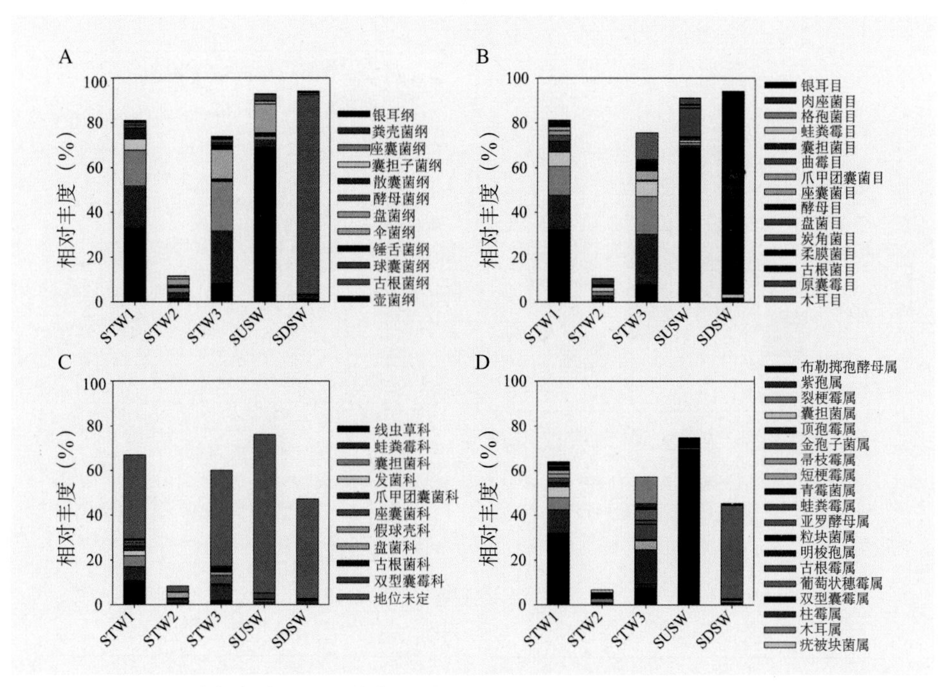

图5-3　不同采样点真菌群落的优势类群。A.纲水平　B.目水平　C.科水平　D.属水平

ITS rDNA的拷贝数变化代表真菌群落丰度的变化，真菌群落的拷贝数从上游（STW1）到下游（STW3）逐渐增多，且差异显著（P<0.01），在上游渗流水中（SUSW）真菌的拷贝数最小（图5-4）。真菌群落的α多样性受到TOC、As、NO_2^-和EC的显著影响（F=9.7，P<0.01）。拷贝数和多样性指数（Shannon和Simpson）与TOC浓度显著正相关（F=4.7，P<0.05），而丰富度指数（OTUs和Chao-1）与As（F=9.0，P<0.01）、NO_2^-（F=4.1，P<0.05）和EC（F=5.0，P<0.01）显著负相关（图5-5）。

5.4.3 真菌群落组成与环境参数的相关性

真菌群落的空间分布格局主要受水体理化参数（IC和Zn）的影响（F=1.3，P<0.05），而与空间距离和细菌群落的结构没有显著的相关性（图5-6，图5-7）。说明环境选择造成了真菌群落空间格局的多样性，而扩散限制和种间竞争的作用不显著。

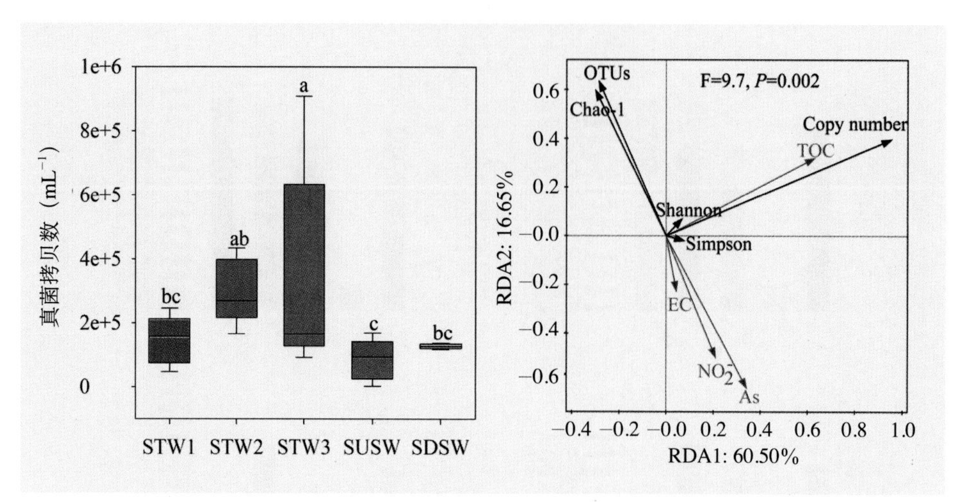

图5-4　5个采样点中真菌ITS rDNA拷贝数

图5-5　真菌群落α多样性指数与环境因子的相关性

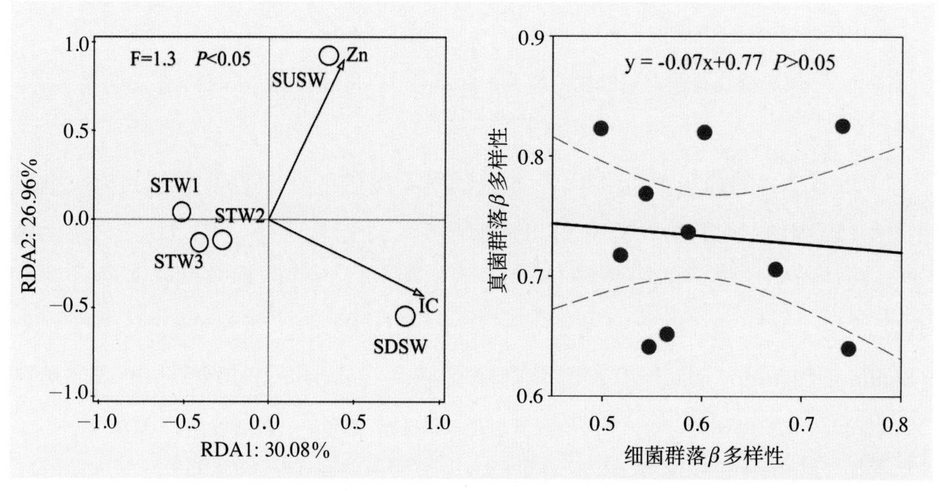

图5-6　真菌群落结构与环境因子的RDA分析

图5-7　细菌群落结构与真菌群落结构的相关性

真菌群落的拷贝数和OTUs与细菌群落的拷贝数和OTUs之间没有显著的相关性（$P>0.05$），但是二者的Shannon和Simpson之间均存在显著的负相关关系（$P<0.05$）（图5-8）。

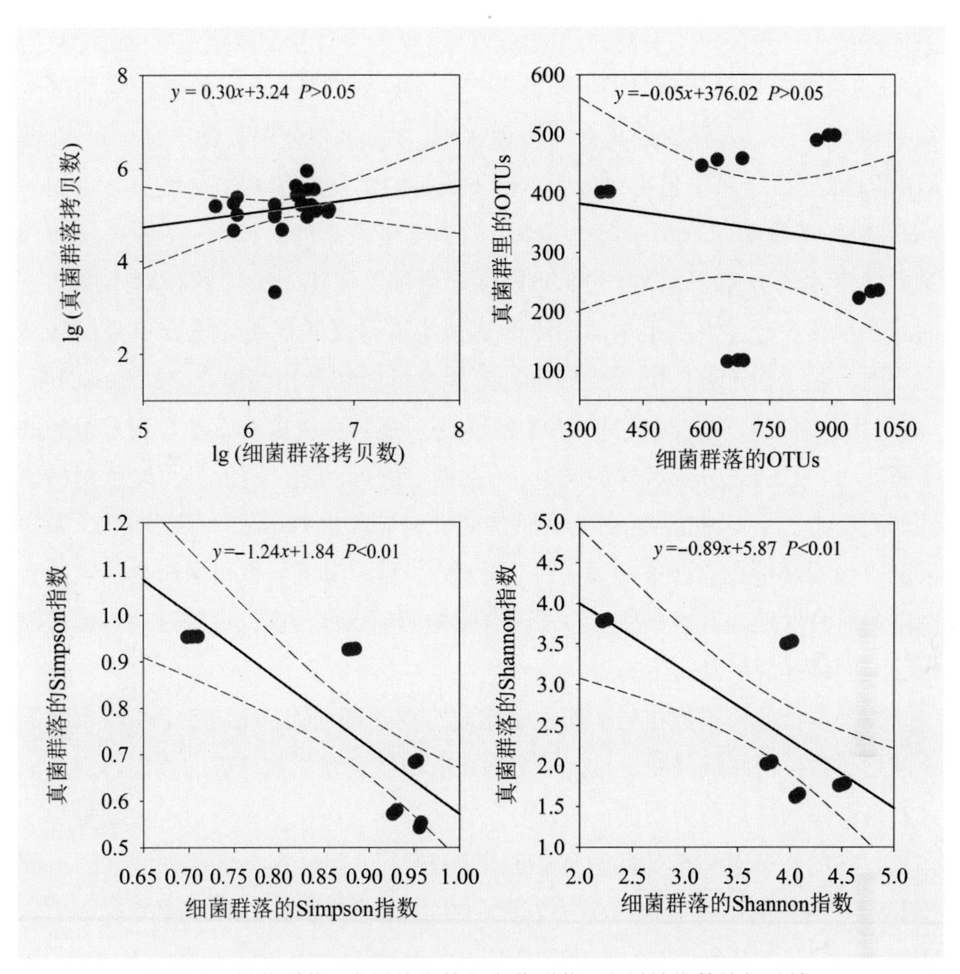

图5-8 细菌群落α多样性指数与真菌群落α多样性指数的相关性

5.5 讨论

5.5.1 AlkMD中的真菌群落

环境梯度对微生物群落有显著的分拣效应，在含有重金属和多种污染物的尾矿废水中这种效果尤为明显[24, 208, 209]。在本研究中，真菌群落的组成（图5-2至图5-4）、结构（图5-1）和多样性（表5-1）在不同采样点都有明显的不同，表明不同真菌类群对环境的适应机制不同。在STW2采样点群落的 α

多样性最小（表5-1），主要的原因是STW2废水中有较高浓度的重金属As[24]，当As的浓度较高时就会对微生物群落产生明显的抑制作用，降低微生物的生物量和多样性，只有少数具有较强耐As能力的优势种群数量增加[210]，在我们的RDA分析结果中也可以看出As、NO_2^-和EC与群落的丰富度显著负相关（图5-5）。子囊菌门和担子菌门是6个门中丰度最高的2个门，子囊菌门的相对丰度沿水流方向从STW1到SDSW逐渐增加，而担子菌门的相对丰度则逐渐减小（图5-2）。表明担子菌门中的真菌类群对尾矿极端环境有更强的抵抗力，因为属于担子菌门的优势属布勒掷孢酵母属和囊担菌属（*Cystobasidium*）（图5-3D）都有较强的适应性。布勒掷孢酵母属真菌类群对石油烃类有很好的降解能力，且通过分泌特殊种类的β-葡糖苷酶可以适应高温且可增强对酸碱性的耐受力[211]，因此能在pH为9.38的碱性尾矿废水中存活并繁殖增长。囊担菌属对极端环境也有很好的适应性，徐炜[212]对深海沉积物和深海热液区的真菌群落研究发现，这些样品中均发现有囊担菌属真菌类群，说明这些真菌可以耐受高温、低氧以及高压的生境。

真菌群落的拷贝数在尾矿库中沿水流方向逐渐增加，而在2个渗流水样品中的拷贝数反而降低（图5-4）。一方面是有机碳含量沿水流方向逐渐增加，因此真菌群落的拷贝数会增加（图5-5）。真菌群落在有机质降解过程中发挥重要作用，它们在分解有机质的过程中获得能量[213]，因此在有机碳含量高的下游（STW3）真菌的丰度也高。另一方面，在有机碳含量最高的下游渗流水中真菌群落的拷贝数反而降低，可能的原因是在SDSW中重金属Zn的含量较高[24]，抑制了真菌群落的生长[205]。

5.5.2 真菌群落的分布格局和适应机制

在深海底泥[203]、极地苔原[202]和重金属尾矿废水污染的土壤中[214]，真菌群落的空间格局都是环境筛选的结果。在本研究中不同采样点的真菌群落具有明显不同的空间分布（图5-1），通过分析发现，Zn和IC浓度是导致群落空间分布差异的最主要的因子（图5-6）。在复合重金属（As、Cd、Cu、Pb和Zn）污染的环境中，重金属对细菌和真菌群落的组成和结构都有显著的影响[215]，虽然部分真菌对重金属具有吸附和钝化作用，但是在长期重金属污染的环境中，真菌群落结构会发生实质性改变[180]。重金属对真菌群落的毒害作用主要表现在对碳源的利用上，重金属污染可降低真菌对碳源的利用力和利用率[180]。而IC似乎与重金属的作用相反，无机碳可促进真菌胞外酶的活性，从而增强对环境胁迫的抵抗力[216]。

细菌群落的空间结构与真菌群落的空间结构只存在较弱的负相关关系（P>0.05）（图5-7），表明它们之间不存在激烈的竞争关系。在极端环境中，微生物群落的首要任务是存活下来，因此更多的能量用于细胞修复和增强抵抗力而不是生殖生长，所以细菌和真菌群落的空间结构没有显著的相关性。细菌群落和真菌群落的拷贝数之间存在正相关性，虽然没达到统计的显著性（图5-8），这也进一步说明在尾矿废水中微生物群落之间几乎不存在竞争关系。不论是细菌群落还是真菌群落，它们的拷贝数都是沿水流方向逐渐增加（图5-4）[24]，表明在高污染区域多数微生物类群会灭绝。细菌和真菌群落的丰富度指数之间有显著的负相关性（图5-8），可能的原因是细菌和真菌群落能利用的底物不同，相对于真菌而言细菌的抗性较弱，因此细菌和真菌群落的Shannon和Simpson指数表现为负相关性。

5.6 小结

在碱性尾矿废水中，不同采样点的真菌群落具有明显不同的空间格局，真菌群落的丰度沿尾矿废水的污染梯度从上游到下游逐渐增加。子囊菌门和担子菌门是2个主要的优势门，它们对环境的适应机制不同，造成了不同采样点真菌群落丰度变化的趋势不同。真菌群落的丰度变化主要受TOC的影响，而OTUs、Chao-1、Shannon和Simpson指数主要受EC、NO_2^-和As的影响；β多样性格局主要与Zn和IC密切相关。总的来说，真菌群落的多样性格局是环境选择的结果，而扩散限制的作用不显著。在尾矿废水这样的极端环境中，细菌和真菌群落几乎不存在竞争关系。

6 反硝化微生物群落的季节动态及其适应机制

6.1 引言

水体以及土壤环境中过量的氮，主要由反硝化微生物介导的反硝化过程还原后最终归还到大气中，环境条件是影响反硝化微生物群落组成和反硝化速率的潜在驱动因素之一[217]。反硝化菌在底物浓度和能量条件满足的环境中，就会进行反硝化代谢过程，大多数的反硝化菌是兼性厌氧异养微生物。底物（主要包括NO_3^-、NO_2^-和NH_4^+等多种含氮化合物）浓度[24]、有机碳的数量和类型、溶解氧浓度、环境温度[218]、pH以及酶抑制剂（重金属）含量[219]，对反硝化菌群落的组成结构和功能都有重要影响[75]。研究表明NO_3^-浓度与反硝化速率正相关[76, 217]，但是过量的硝酸盐浓度对反硝化功能基因丰度有明显的抑制性[24]；在氮污染的工业废水中有机碳的种类和浓度似乎是限制反硝化速率的主要因素[75]；而在酸性尾矿废水中重金属对反硝化速率有明显的抑制作用[220]。

反硝化过程是由反硝化微生物分泌的反硝化酶催化完成的生化反应，在这个过程中，功能基因*nirS*、*nirK*和*nosZ*编码的还原酶催化的反应是整个过程的关键步骤。亚硝酸还原酶催化产生了反硝化过程中的第一个气体——NO，而氧化亚氮还原酶催化温室气体N_2O转化为N_2。在十八河铜尾矿废水中存在明显的氮污染梯度，且反硝化功能基因丰度沿环境梯度有显著的变化[24]，然而反硝化菌群落的丰度、组成和结构在该生境中的时空格局还不清楚。因此，研究反硝化菌群落的时空格局对环境变化的响应机制，可以揭示功能微生物类群对碳、氮、硫以及重金属污染程度的适应能力，从而为尾矿废水净化和生态恢复提供依据。

除了环境条件，反硝化菌的群落结构对反硝化速率也有重要影响[221]。大多数研究主要针对在反硝化过程中编码关键酶的功能基因拷贝数变化来揭示反硝化速率[222-227]，但是群落结构的变化必然引起功能发生相应的改变，因此对含有关键反硝化功能基因菌群结构的研究可以进一步证实反硝化菌的适应能力。本研究拟解决的关键问题：①含有*nirS*、*nirK*和$nosZ_I$功能基因反硝化微生物群落的分布格局；②*nirS*-、*nirK*-和$nosZ_I$-反硝化微生物群落对环境变化的响应机制。

6.2 研究区概况

研究区概况见章节2.2。

6.3 样品采集与处理

采样过程、理化性质分析和DNA提取详见章节2.3。

PCR扩增和DGGE分析如下。功能基因*nirS*，*nirK*和$nosZ_I$的扩增引物序列见章节3.2，在每个正向引物的5’段加上GC-clamp（CGCCGCGCGCGGCGGGCGGGGCGGGGGCACGGGGGG）进行PCR扩增。扩增产物通过2 %的凝胶电泳鉴定后继续进行DGGE。由于*nirS*、*nirK*和$nosZ_I$基因序列的大小不同，因此胶的浓度不同（*nirS*和*nirK*是6 % w/v，$nosZ_I$是8 % w/v），*nirS*和*nirK*变性胶的梯度是48%到58%，$nosZ_I$变性胶的梯度是42 %到55 %，然后用DCode DGGE电泳仪跑胶（Bio-rad，USA）。跑胶时间和染胶分析过程详见章节2.3.3。

6.4 数据分析

数据分析见章节2.4。

6.5 结果

6.5.1 *nirS*-反硝化菌群落的季节动态

nirS-反硝化菌群落的组成在不同采样点以及不同月份间均有明显的不同（图6-1）。5月*nirS*-反硝化菌群落中共有44个OTU，且不同OTU的相对丰度在不同采样点明显不同，25个优势类群的平均相对丰度是87.80 %（图6-1A）。7月*nirS*-反硝化菌群落中共有58个OTU，26个优势类群的平均相对丰度是78.95 %。OTU32、OTU58和OTU46分别是L1、L2和L3相对丰度最高的类群，在R1、R2、USW和DSW中相对丰度最高的类群是OTU17，而在R3中是OTU19（图6-1B）。9月*nirS*-反硝化菌群落中共有34个OTU，18个优势类群的平均相对丰度是90.71 %（图6-1C）。OTU28、OTU11和OTU32分别是L1、L2和L3采样点相对丰度最高的类群，OTU10、OTU33和OTU1分别是R1、R2和R3采样点相对丰度最高的类群；而在USW和DSW采样点相对丰度最高的类群都是OTU32。12月*nirS*-反硝化菌群落中共有41个OTU，其中28个优势类群的平均相对丰度是90.35%（图6-1D），OTU16在L1、R1、USW和DSW中的相对丰度均最高，而在其他4个采样点相对丰度最高的类群则存在差异。

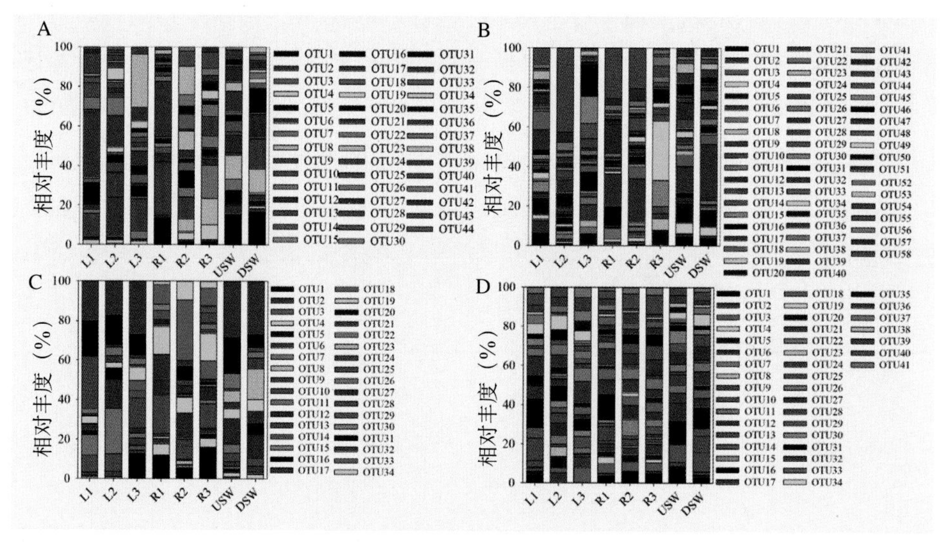

图6-1 *nirS*-反硝化菌群落组成

A.5月 B.7月 C.9月 D.12月

nirS-反硝化菌群落的拷贝数在不同采样点以及不同月份间均有显著差异（表6-1，图6-2）。除了7月外，*nirS*-反硝化菌群落的拷贝数在其他3个月均是在DSW中最高，而7月是在L1采样点最高（表6-1）。总体来看，9月的拷贝数最大（$4.72 \times 10^4 \pm 6.15 \times 10^3$），其余3个月份之间没有显著差异（图6-2）。

nirS-反硝化菌群落的α多样性指数在不同采样点和不同月份间也存在显著的差异（表6-1，图6-3）。不论是丰度指数（OTUs和Chao-1）还是多样性指数（Simpson和Shannon）都是在渗流中较高（USW和DSW）（表6-1），表明相对于污染较严重的库内水，在渗流水中有种类更多的反硝化菌。不同月份间7月的丰富度最高，而多样性在12月最高，9月的丰度和多样性都最低（图6-3）。

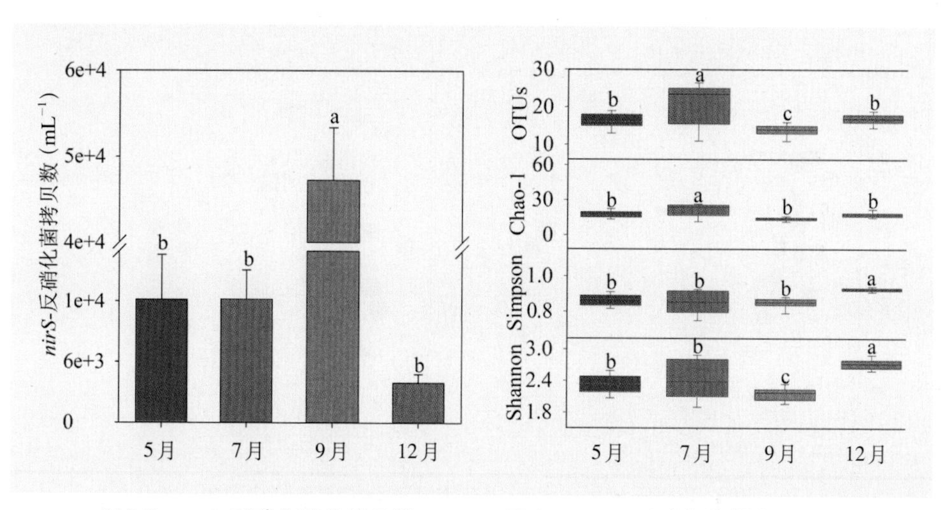

图6-2　*nirS*-反硝化菌的拷贝数　　　　图6-3　*nirS*-反硝化菌群落的α多样性指数

NMDS排序以及ANOSIM检验结果显示，5月不同采样点*nirS*-反硝化菌群落的空间分布存在显著的差异（R=0.94，P<0.001），渗流水中的群落分布格局与库内水中的群落分布格局有明显的不同。7月不同采样点*nirS*-反硝化菌群落的空间分布也有显著的不同（R=0.72，P<0.01），也是渗流水与库内水的差异明显。9月不同采样点*nirS*-反硝化菌群落的空间分布存在显著的差异（R=0.87，P<0.01），右侧采样点中的分布格局与左侧和渗流水中的分布格局明显不同。12月不同采样点间的群落分布格局差异明显（R=0.72，P<0.01），主要是R2和R3采样点的群落分布格局与其他采样点间有明显的差异（图6-4）。

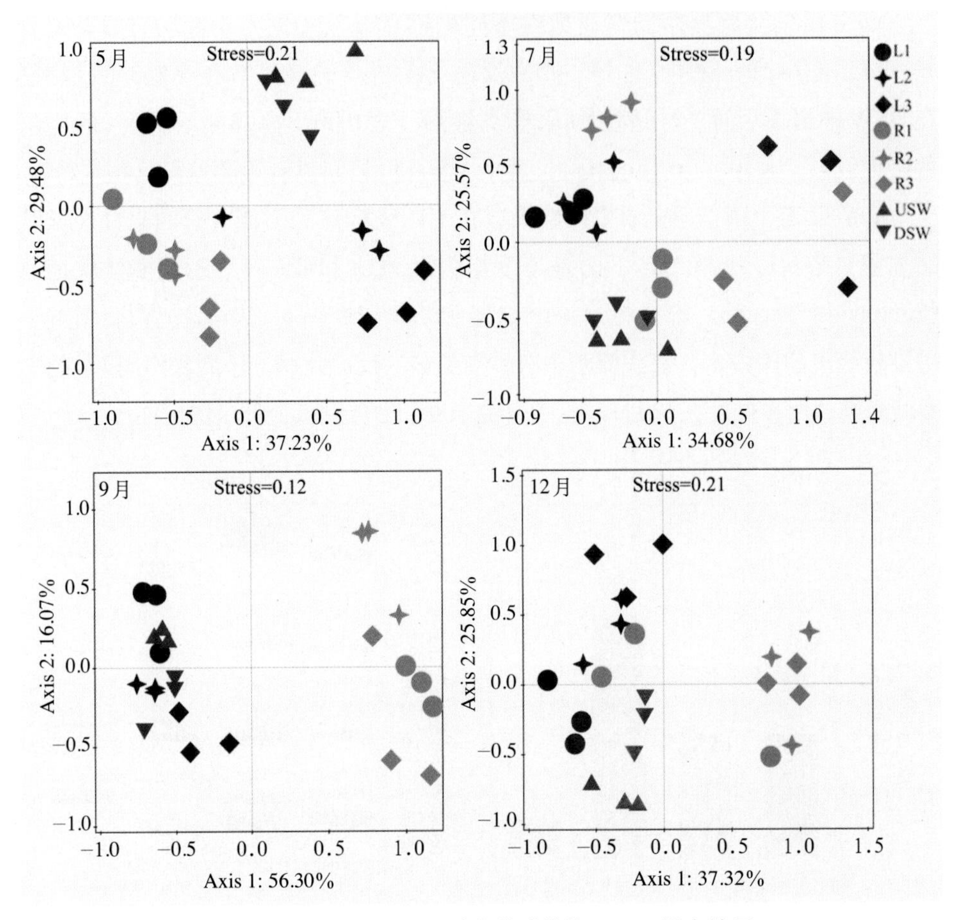

图6-4　4个月份*nirS*-反硝化菌群落的NMDS排序结果

环境因子对*nirS*-反硝化菌群落结构有显著影响，但是在不同月份对群落结构有显著影响的环境因子不同（图6-5）。对5月群落结构有显著影响的因子共6个（F=4.3，P<0.01），其中EC的解释率最大（表6-2）。对7月群落结构有显著影响的环境因子共5个（F=3.3，P<0.01），其中pH的影响程度最大（表6-2）。对9月群落结构有显著影响的环境因子也是5个（F=5.4，P<0.01），其中TOC的影响程度最大（表6-2）。对12月群落结构有显著影响的环境因子共3个（F=3.2，P<0.01），其中TC的影响程度最大（表6-2）。碳含量对4个月份*nirS*-反硝化菌群落结构都有显著影响，同时氮和重金属（As和Zn）对群落结构也有显著影响。

表6-1 不同月份间*nirS*-反硝化菌群落的丰度和α多样性指数

指数	时间	采样点							
		L1	L2	L3	R1	R2	R3	USW	DSW
OTUs	5月	15.33±0.67bc	17.33±0.88bc	13.67±0.67d	17.67±0.88ab	16.00±1.16bc	14.67± 0.88cd	16.33±0.33abc	19.00±0.58a
	7月	24.78±0.32ab	23.67±0.17a	13.33±0.24d	21.67±0.44c	24.00±0.76b	10.22±0.47e	23.89±0.72b	26.00±0.87a
	9月	12.67±0.83bc	12.00± 0.29c	13.00±0.00bc	15.00±0.29a	14.67±0.44a	13.67±0.17ab	15.00±0.00a	14.00±0.29ab
	12月	14.33±0.17d	16.67±0.44c	17.33±0.33bc	16.56±0.24c	16.22±0.32c	19.33±0.73a	18.44±0.18ab	17.33±0.17bc
Chao-1	5月	19.36±2.24abc	21.63±2.54abc	14.56±0.74c	24.53 ±3.85a	19.17±2.07abc	16.11±0.92bc	19.52±1.86abc	23.27±2.74ab
	7月	32.93±3.75a	40.29±8.00a	15.56±1.18bc	31.64±4.72ab	34.07±4.93a	10.72±0.67c	30.99±3.67ab	37.27±5.30a
	9月	16.83±2.79a	14.11±1.27a	15.00±1.00a	19.80±2.69a	20.07±3.30a	17.38±2.21a	17.89±1.50a	17.48±1.92a
	12月	14.89±0.35d	17.28±0.60c	18.33±0.76abc	17.39±0.42bc	16.89±0.53cd	20.20±0.93a	19.67±0.73ab	18.22±0.64abc
Simpson	5月	0.82±0.02c	0.88±0.01ab	0.85±0.01bc	0.82±0.01c	0.88±0.01ab	0.88±0.01ab	0.90±0.02a	0.89±0.01a
	7月	0.93±0.01a	0.84±0.02cde	0.82±0.02de	0.87±0.01bcd	0.87±0.02abcd	0.79±0.02e	0.93±0.01ab	0.90±0.02abc
	9月	0.81±0.02b	0.86±0.01a	0.86±0.01a	0.88±0.01a	0.85±0.02ab	0.88±0.01a	0.86±0.01a	0.87±0.01a
	12月	0.91±0.01c	0.93±0.01ab	0.93±0.01ab	0.92±0.01bc	0.93±0.01bc	0.94±0.01a	0.93±0.01ab	0.93±0.01ab
Shannon	5月	2.12±0.08bc	2.40±0.10a	2.25±0.04abc	2.10±0.03c	2.37±0.05ab	2.38±0.03a	2.48±0.11a	2.48±0.08a
	7月	2.67±0.05a	2.23±0.05cd	2.00±0.07de	2.30±0.06bc	2.35±0.07bc	1.86±0.06e	2.65±0.06a	2.53±0.10ab
	9月	1.88±0.06b	2.05±0.04a	2.11±0.04a	2.21±0.05a	2.10±0.05a	2.17±0.04a	2.17±0.05a	2.17±0.05a
	12月	2.40±0.05c	2.57±0.05abc	2.60±0.05ab	2.51±0.05bc	2.54±0.04abc	2.72±0.06ab	2.63±0.06ab	2.60±0.05ab
lg（拷贝数）	5月	3.79±0.05bc	3.93±0.03b	3.61±0.12cd	2.94±0.01e	3.46±0.01d	3.47±0.04d	3.86±0.15bc	4.76±0.13a
	7月	4.56±0.06a	3.73±0.06b	4.35±0.19a	2.98±0.04c	3.65±0.13b	4.29±0.02a	2.35±0.05d	3.48±0.07b
	9月	4.61±0.07b	4.64±0.02b	4.75±0.04b	4.04±0.09c	4.99±0.01a	4.79±0.09ab	3.38±0.12d	4.78±0.03ab
	12月	3.21±0.09c	3.52±0.05bc	2.48±0.28d	3.43±0.15bc	3.60±0.03bc	3.75±0.05ab	2.32±0.07d	4.12±0.01a

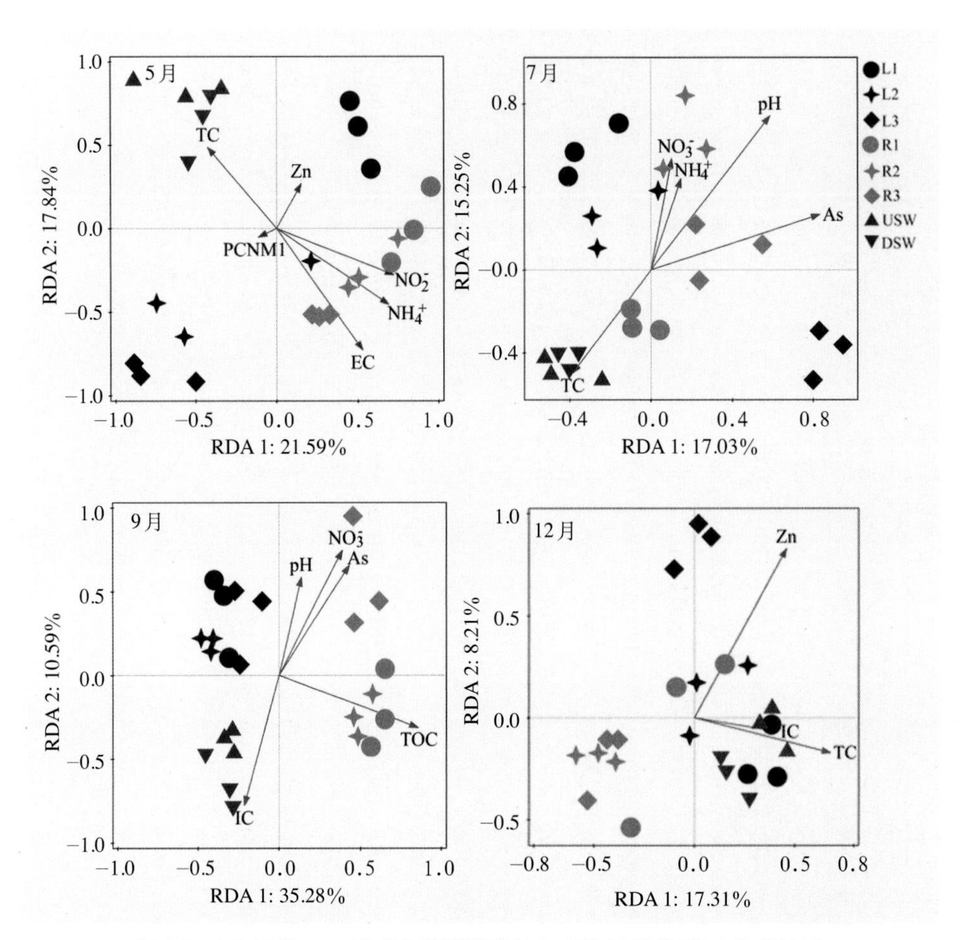

图6-5　4个月份*nirS*-反硝化菌群落结构与环境因子的RDA分析结果

表6-2　前选择结果中对*nirS*-反硝化菌群落结构有显著影响的环境因子

5月		7月		9月		12月	
环境因子	解释率 %	环境因子	解释率%	环境因子	解释率%	环境因子	解释率%
EC	16.5**	pH	15.0**	TOC	27.6**	TC	11.7**
NH_4^+	13.0**	As	12.2**	IC	11.8**	IC	11.5**
NO_2^-	10.4**	NO_3^-	11.2**	As	7.6**	Zn	9.1**
PCNM	7.1**	NH_4^+	5.9*	pH	7.3*		
Zn	7.0*	TC	4.9*	NO_3^-	5.6*		
TC	6.2*						

6.5.2 *nirK*-反硝化菌群落的季节动态

nirK-反硝化菌群落在不同采样点的组成存在差异，5月在7个采样点共有40个OTU，其中27个优势类群（相对丰度>5%）的平均相对丰度是88.34%。OTU40、OTU14和OTU39分别是L1、L2和L3采样点相对丰度最高的类群；而OTU7的相对丰度在R1采样点最高，在R2、R3和USW这3个采样点相对丰度最高的类群是OTU11；OTU34的相对丰度在DSW中最高（图6-6A）。在7月*nirK*-反硝化菌群落中共有45个OTU，18个优势类群的平均相对丰度是88.05 %。OTU3、OTU5、OTU12、OTU15和OTU30的相对丰度沿水流方向逐渐增加；而OTU10、OTU13、OTU32、OTU41、OTU42和OTU43的相对丰度沿水流方向逐渐减小（图6-6B）。在9月*nirK*-反硝化菌群落中共有44个OTU，27个优势类群的平均相对丰度是87.67%。不同类群的变化趋势在尾矿库的左侧和右侧存在差异，OTU21和OTU32的相对丰度在左侧沿水流方向逐渐增加而在右侧则逐渐减小；OTU30和OTU31的相对丰度只在右侧表现为沿水流方向递增的趋势；OTU27和OTU33的相对丰度在尾矿库两侧的变化趋势相同，均沿水流方向逐渐增加（图6-6C）。12月*nirK*-反硝化菌群落的OTU个数最多是47个，其中15个优势类群的平均相对丰度是83.21%。OTU14和OTU15是7个采样点共有的优势类群，表明这2个类群在群落结构稳定性维持中具有重要作用（图6-6D）。

nirK-反硝化菌群落的拷贝数在不同采样点以及不同月份间均有显著的差异（表6-3，图6-7）。*nirK*-反硝化菌群落的拷贝数在5月和12月的8个采样点中在DSW中最高，而7月是在L1和R1最大，表现为沿水流方向逐渐减小的趋势；9月是在L3和R3最大，表现为沿水流方向逐渐增加的趋势（表6-3）。4个月份之间在12月的拷贝数最大（$3.81 \times 10^4 \pm 6.51 \times 10^3$），而其余3个月份之间没有显著差异（图6-7）。

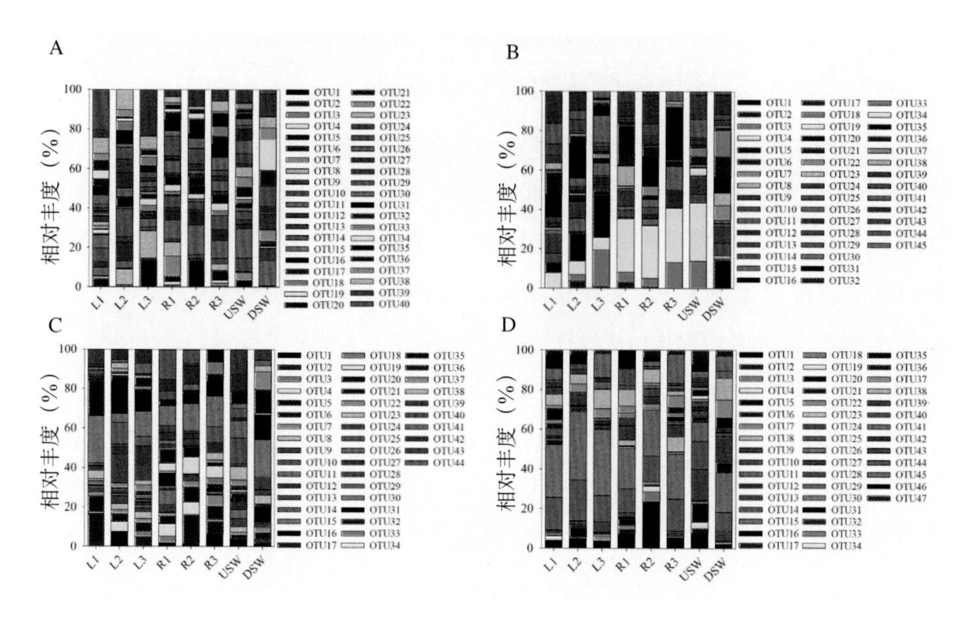

图6-6　*nirK*-反硝化菌群落组成

A.5月　B.7月　C.9月　D.12月

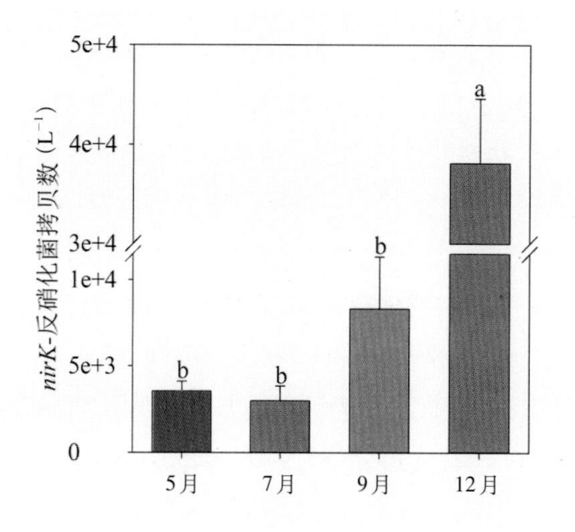

图6-7　*nirK*-反硝化菌的拷贝数

表6-3 4个月份不同采样点间*nirK*-反硝化菌群落的丰度和α多样性指数

指数	时间	采样点							
		L1	L2	L3	R1	R2	R3	USW	DSW
OTUs	5月	22.67±1.641a	14.89±0.261b	19.00±0.001a	22.00±0.500a	18.67±1.093a	19.56±0.377a	20.78±0.683a	15.67±0.601b
	7月	15.33±0.726c	16.89±0.655ab	16.67±0.601b	18.00±0.527b	13.89±0.633b	11.11±0.696d	17.67±0.601b	16.44±0.988ab
	9月	18.89±0.716b	17.78±1.164a	19.00±0.408a	21.00±0.866a	18.33±0.333a	13.33±0.441c	20.33±0.928a	18.89±0.873a
	12月	18.44±0.444bc	14.67±0.667b	14.78±0.278c	21.33±0.601a	17.00±0.236a	16.33±0.167b	20.11±0.455a	17.00±0.001ab
Chao-1	5月	30.10±4.187a	19.02±2.252a	24.71±2.813a	29.44±3.453a	22.87±2.372a	23.76±2.179a	25.22±2.389a	20.73±2.556a
	7月	17.61±1.628a	25.98±4.848a	25.98±4.474a	35.22±7.970a	20.74±3.678a	17.07±4.181a	26.48±4.309a	21.88±3.201a
	9月	27.14±4.219a	26.69±4.482a	31.60±6.241a	26.30±2.924a	24.78±3.193a	16.24±1.603a	25.14±2.724a	26.29±3.939a
	12月	29.61±5.660a	19.50±2.761a	21.66±3.641a	29.66±3.975a	24.67±3.762a	22.93±3.462a	26.08±2.869a	22.20±2.696a
Simpson	5月	0.92±0.010a	0.89±0.006a	0.88±0.014a	0.93±0.007a	0.91±0.009a	0.93±0.006a	0.92±0.007ab	0.90±0.007a
	7月	0.91±0.006ab	0.89±0.010a	0.84±0.014b	0.86±0.011b	0.83±0.022b	0.76±0.016c	0.86±0.012c	0.89±0.008a
	9月	0.91±0.011bc	0.87±0.017a	0.88±0.010a	0.92±0.007a	0.90±0.009a	0.87±0.008b	0.93±0.006a	0.88±0.012a
	12月	0.91±0.015c	0.81±0.027b	0.82±0.012b	0.91±0.007a	0.86±0.010ab	0.87±0.010b	0.89±0.010b	0.89±0.008a
Shannon	5月	2.57±0.075a	2.28±0.035a	2.35±0.058a	2.61±0.064a	2.45±0.080a	2.57±0.054a	2.60±0.066a	2.30±0.055a
	7月	2.38±0.050a	2.25±0.052a	2.07±0.056b	2.15±0.053b	1.99±0.094c	1.64±0.051c	2.18±0.055b	2.30±0.065a
	9月	2.25±0.062b	2.23±0.104ab	2.29±0.047a	2.58±0.053a	2.41±0.046 ab	2.14±0.041b	2.56±0.060a	2.31±0.075a
	12月	2.22±0.062b	1.96±0.107b	1.98±0.037b	2.48±0.050a	2.19±0.049bc	2.20±0.050b	2.39±0.067ab	2.33±0.047a
lg（拷贝数）	5月	3.25±0.18c	3.44±0.08bc	3.33±0.02c	3.74±0.05ab	3.61±0.16abc	3.34±0.08bc	2.41±0.17d	3.91±0.10a
	7月	3.88±0.20a	3.88±0.10a	2.28±0.11c	3.53±0.02a	2.76±0.06b	3.06±0.10b	1.54±0.07d	2.99±0.19b
	9月	2.12±0.06c	2.40±0.62c	4.26±0.04ab	2.58±0.05c	3.70±0.08b	4.61±0.06a	0.82±0.15d	1.92±0.06c
	12月	4.06±0.10a	4.46±0.06a	4.35±0.39a	4.46±0.34a	4.16±0.49a	4.74±0.08a	4.22±0.06a	4.79±0.09a

nirK-反硝化菌群落的α多样性指数在不同采样点和不同月份间也存在显著差异（表6-3，图6-8）。丰度指数（OTUs和Chao-1）在L1和R1较高，而多样性指数（Simpson和Shannon）在DSW中最高（表6-1）。不同月份间，4个α多样性指数均在7月最低，而在5月最高（图6-3）。

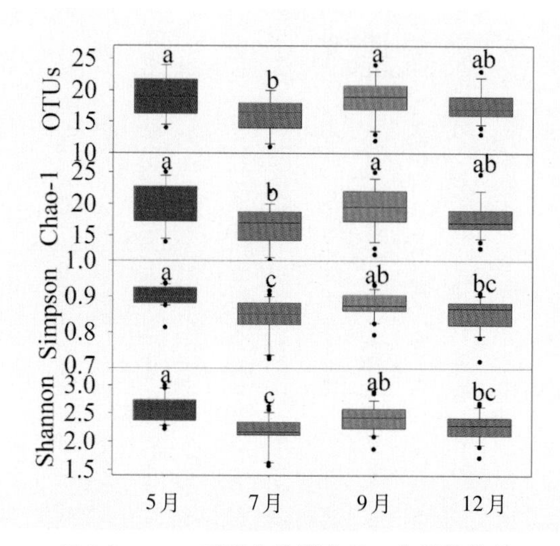

图6-8 *nirK*-反硝化菌群落的α多样性指数

NMDS排序以及ANOSIM检验结果显示，5月不同采样点*nirK*-反硝化菌群落的空间分布存在显著差异（R=0.79，P<0.01），DSW和L1中的群落格局与其他采样点中的群落格局明显不同。在7月不同采样点*nirK*-反硝化菌群落的空间分布也显著不同（R=0.74，P<0.01），DSW与L1中的群落结构相似，而USW与R1中的群落结构相似。在9月USW以及R1采样点的群落结构与其他采样点的群落结构存在显著差异（R=0.52，P<0.05）。12月不同采样点间的群落分布格局差异明显（R=0.63，P<0.01），主要是USW采样点的群落分布格局与其他采样点间有明显的差异（图6-9）。

环境因子对*nirK*-反硝化菌群落结构有显著影响，但是在不同月份对群落结构有显著影响的环境因子不同（图6-10）。对5月群落结构有显著影响的因子共4个（F=3.5，P<0.01），其中pH影响最大，解释率为19.2%（表6-4）。对7月群落结构有显著影响的环境因子共6个（F=5.9，P<0.01），其中Cd的影

响程度最大（表6-4）。对9月群落结构有显著影响的环境因子共4个（F=3.3，P<0.01），其中TOC的影响程度最大，解释率是13.2%（表6-4）。对12月群落结构有显著影响的环境因子共4个（F=3.7，P<0.01），其中NH_4^+的影响程度最大（表6-4）。除了9月外，其他3个月*nirK*-反硝化菌群落结构都受到NH_4^+的显著影响，同时碳含量对5月、9月和12月的群落结构有显著影响，而重金属（As和Cd）对7月和9月的群落结构有显著影响。

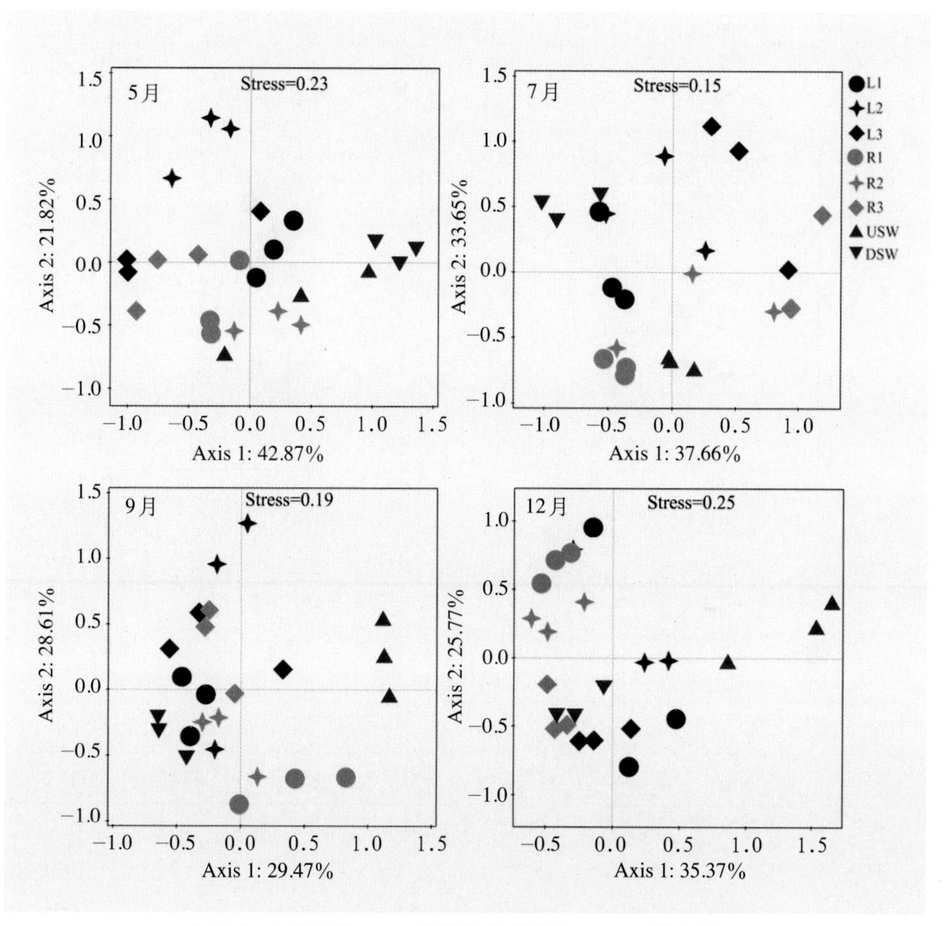

图6-9　4个月份*nirK*-反硝化菌群落的NMDS排序结果

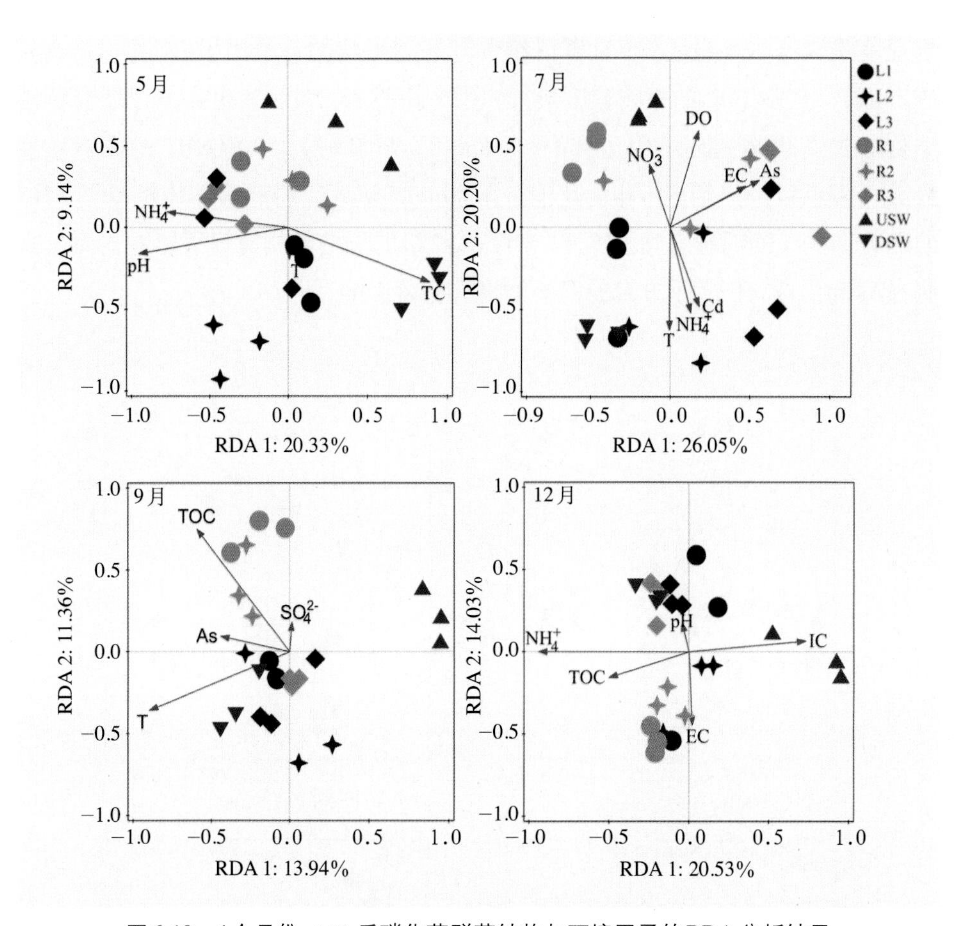

图6-10　4个月份*nirK*-反硝化菌群落结构与环境因子的RDA分析结果

表6-4　前选择结果中对*nirK*-反硝化菌群落结构有显著影响的环境因子

5月		7月		9月		12月	
环境因子	解释率%	环境因子	解释率%	环境因子	解释率%	环境因子	解释率%
pH	19.2**	Cd	13.9**	TOC	13.2**	NH_4^+	19.1**
TC	8.7**	NO_3^-	13.7**	T	11.4**	IC	10.4**
NH_4^+	8.3**	As	12.5**	SO_4^{2-}	8.2**	pH	8.0**
T	6.6*	NH_4^+	8.8**	As	8.1**	TOC	7.5*
		T	8.7**			EC	5.4*
		EC	7.6*				

6.5.3 $nosZ_I$-反硝化菌群落的季节动态

$nosZ_I$-反硝化菌群落在不同采样点以及不同月份的组成存在差异，在5月共有26个OTU，其中13个是优势类群，平均相对丰度93.18 %。OTU3和OTU6的相对丰度沿水流方向逐渐减小，OTU7则呈现相反的趋势（图6-11A）。7月$nosZ_I$-反硝化菌群落中共有28个OTU，17个优势类群的平均相对丰度是94.75 %。OTU1、OTU5、OTU10的相对丰度沿水流方向逐渐增加；而OTU16、OTU18的相对丰度沿水流方向逐渐减小（图6-11B）。

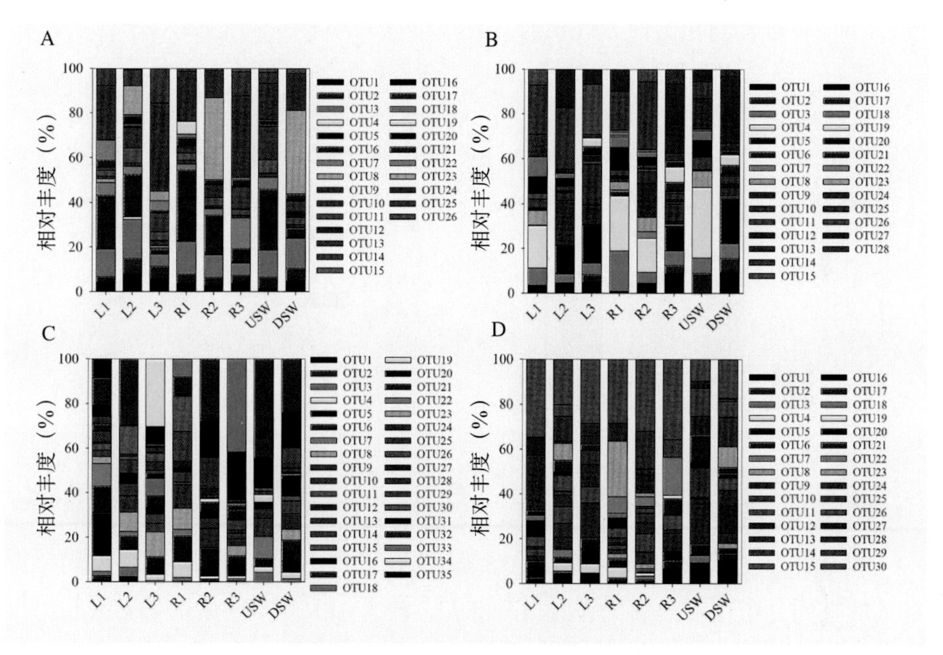

图6-11　$nosZ_I$-反硝化菌群落组成

A.5月　B.7月　C.9月　D.12月

在9月$nosZ_I$-反硝化菌群落中共有35个OTU，21个优势类群的平均相对丰度是91.50 %。OTU6和OTU7的相对丰度沿水流方向逐渐减小；OTU8的相对丰度只在左侧表现为沿水流方向递增的趋势（图6-11C）。12月$nosZ_I$-反硝化菌群落的OTU个数是30个，其中20个优势类群的平均相对丰度是90.67 %。OTU1、OTU9、OTU13和OTU14的相对丰度从L1到L3沿水流方向逐渐增加，OTU30的变化趋势在左侧和右侧相反（图6-11D）。

nosZ$_I$-反硝化菌群落的拷贝数在不同采样点以及不同季节间均有差异。除了9月在R3最大外，其余3个月份*nosZ*$_I$-反硝化菌的拷贝数均是在DSW中最大（表6-5），说明污染水平相对较小的下游渗流水更适合反硝化菌的繁殖生长；在4个月份中，7月和9月的拷贝数显著高于5月和12月（图6-12）。在不同采样点*nosZ*$_I$-反硝化菌的α多样性变化明显，OTUs和Chao-1指数从R1到R3逐渐减小，在DSW中最大，而Simpson和Shannon指数在R2最大（表6-5）；在4个月份之间群落的α多样性指数没有显著差异（图6-13）。群落丰度的变化主要与碳（TC、TOC）、氮（NO_3^-、NO_2^-、NH_4^+）、温度和重金属（Cu、Pb、Zn）有显著的相关性（表6-6）。

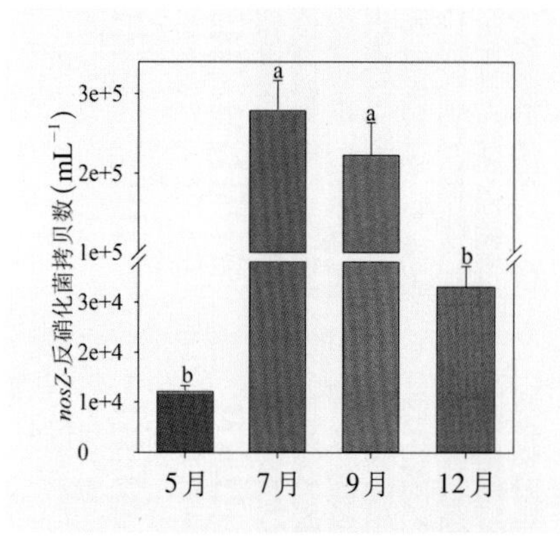

图6-12 *nosZ*$_I$-反硝化菌的拷贝数

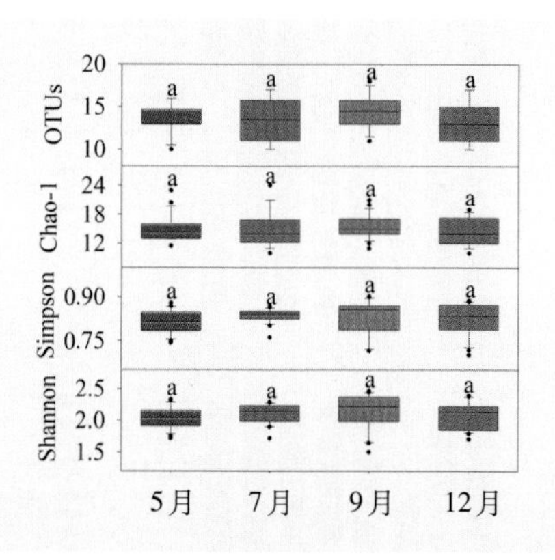

图6-13 *nosZ*$_I$-反硝化菌群落的α多样性指数

NMDS排序以及ANOSIM检验结果显示，5月不同采样点*nosZ*$_I$-反硝化菌群落的空间分布存在显著的差异（R=0.90，P<0.01），DSW中的群落分布格局与其他采样点中的群落分布格局有明显的不同。7月不同采样点*nosZ*$_I$-反硝化菌群落的空间分布也有显著的不同（R=0.92，P<0.01），DSW与L3和R3的群落结构相似，而USW与R1和L1中的群落结构较相似，L2和R2群落间以及与其他群落间均有差异。9月不同采样点*nosZ*$_I$-反硝化菌群落的空间分布存在显著的差异（R=0.98，P<0.01），USW、DSW、R2和L1聚在一起，R3和L3聚在一起，说明它们的群落结构相似。12月不同采样点间的群落分布格局差异明显（R=0.85，P<0.01），L3和R3聚在一起，其他采样点均比较分散，说明不同采样点间的群落结构不同（图6-14）。

表6-5 4个月份不同采样点间 $nosZ_I$-反硝化菌群落的丰度和 α 多样性指数

指数	时间	采样点							
		L1	L2	L3	R1	R2	R3	USW	DSW
OTUs	5月	13.00±0.000b	15.89±0.111a	11.00±0.289c	14.33±0.441a	13.67±0.167b	12.00±0.500c	14.11±0.309a	13.67±0.167b
	7月	12.67±0.441b	11.00±0.289c	12.67±0.441b	14.33±0.601a	13.00±0.764b	16.33±0.167a	10.67±0.167c	16.00±0.500a
	9月	15.00±0.289a	13.67±0.333b	17.67±0.167a	13.67±0.667a	13.67±0.167b	14.33±0.167b	11.67±0.167b	16.33±0.333a
	12月	13.33±0.167b	13.33±0.167b	10.33±0.167c	14.67±0.607a	17.00±0.000a	10.67±0.167d	11.00±0.000bc	15.67±0.333a
Chao-1	5月	15.00±1.000a	21.25±2.709a	12.33±0.782b	17.99±2.040a	18.88±2.724a	15.01±2.072ab	18.81±2.331a	17.57±2.017a
	7月	14.56±1.425a	12.17±0.833b	15.22±1.614b	19.53±2.843a	15.63±1.840a	19.87±1.937ab	11.44±0.503b	20.09±2.277a
	9月	17.00±1.041a	15.17±1.014b	22.48±2.638a	15.78±1.507a	18.28±2.462a	21.50±3.654a	13.00±0.707b	21.27±2.454a
	12月	15.94±1.355a	14.50±0.677b	10.78±0.290b	18.99±2.666a	24.49±3.748a	12.44±1.156b	11.33±0.167b	20.35±2.614 a
Simpson	5月	0.86±0.010a	0.88±0.008a	0.79±0.021b	0.83±0.012b	0.80±0.016a	0.81±0.013ab	0.86±0.009a	0.81±0.015b
	7月	0.87±0.009a	0.84±0.010b	0.84±0.010ab	0.84±0.014b	0.83±0.018a	0.86±0.011a	0.83±0.012a	0.86±0.011a
	9月	0.89±0.010a	0.86±0.012ab	0.85±0.015a	0.89±0.007a	0.84±0.019a	0.78±0.020b	0.76±0.033b	0.88±0.008a
	12月	0.81±0.016b	0.87± 0.011ab	0.83±0.011ab	0.84±0.017b	0.81±0.028a	0.79±0.020b	0.87±0.006a	0.88±0.010a
Shannon	5月	2.06±0.047bc	2.24±0.042a	1.83±0.076b	2.01±0.049b	1.89±0.051a	1.88±0.046b	2.11±0.042ab	1.97±0.049b
	7月	2.12±0.044ab	1.94±0.047b	2.00±0.049b	2.05±0.066ab	1.99±0.080a	2.19±0.048a	1.94±0.045bc	2.16±0.051a
	9月	2.29±0.054a	2.15±0.051a	2.22±0.057a	2.24±0.056a	1.99±0.081a	1.82±0.058b	1.80±0.091c	2.28±0.046a
	12月	1.93±0.064c	2.17±0.053a	1.94±0.049b	2.03±0.076ab	2.03±0.094a	1.80±0.059b	2.14±0.031a	2.22±0.049a
lg（拷贝数）	5月	4.01±0.01bc	4.18±0.08abc	3.72±0.11d	4.13±0.01abc	4.21±0.05ab	3.96±0.08c	3.67±0.10d	4.33±0.01a
	7月	5.53±0.03b	5.49±0.05b	5.61±0.02b	4.57±0.01e	4.73±0.05d	5.51±0.02b	5.15±0.08c	5.78±0.01a
	9月	5.16±0.01d	4.95±0.07e	5.00±0.03de	4.50±0.05f	5.38±0.02c	5.81±0.04a	5.03±0.10de	5.62±0.01b
	12月	4.05±0.09d	4.53±0.01b	4.76±0.01a	4.53±0.07b	4.34±0.01c	4.48±0.03bc	3.87±0.02e	4.83±0.02a

表6-6　环境参数与反硝化菌群落α多样性的相关性分析

参数	*nirS*					*nirK*					*nosZ*$_I$				
	OTUs	Chao-1	Simpson	Shannon	拷贝数	OTUs	Chao-1	Simpson	Shannon	拷贝数	OTUs	Chao-1	Simpson	Shannon	拷贝数
T	–0.1	–0.1	–0.6*	–0.5*	0.5**	–0.1	–0.0	–0.1	–0.1	–0.6**	0.2	0.2	0.2*	0.3**	0.7**
pH	–0.1	–0.1	–0.6*	–0.5*	0.2*	–0.1	–0.1	–0.1	–0.2	–0.3**	0.0	0.1	0.1	0.1	0.2
DO	0.0	–0.0	0.3*	0.2	–0.1	0.1	0.1	–0.0	0.0	0.2	–0.1	–0.2	0.1	0.0	–0.3**
EC	–0.1	–0.1	–0.5**	–0.4**	–0.1	0.0	0.0	–0.0	–0.0	–0.0	–0.0	0.1	–0.2*	–0.2*	–0.2
NO_3^-	–0.3**	–0.3**	–0.6**	–0.6**	0.3**	0.1	0.1	–0.1	–0.1	–0.2	0.2	0.2*	0.0	0.1	0.2*
NO_2^-	–0.3**	–0.3**	–0.6**	–0.6**	0.3**	0.1	0.1	–0.1	–0.1	–0.2	0.2	0.2*	0.1	0.1	0.3*
NH_4^+	–0.2	–0.1	0.3**	0.2	–0.3**	0.3*	0.2*	0.3**	0.4**	0.4**	–0.2	–0.1	–0.2	–0.3*	–0.7**
TC	0.1	0.1	–0.4**	–0.3**	0.44**	–0.1	–0.0	0.1	0.0	–0.4**	0.1	–0.0	0.2	0.2*	0.6**
TOC	0.1	0.1	–0.4**	–0.3**	0.43**	–0.3*	–0.21*	–0.1	–0.2	–0.3**	0.1	0.1	0.1	0.2	0.5**
IC	–0.2	–0.2	–0.1	–0.2	0.32**	0.2*	0.3*	0.4**	0.4**	–0.3**	0.2	0.0	0.2	0.2*	0.1
SO_4^{2-}	–0.1	–0.1	–0.6**	–0.5**	0.01	0.2	0.1	–0.0	–0.0	–0.3*	–0.1	0.0	–0.1	–0.1	0.1
As	–0.4**	–0.3**	–0.6**	–0.6**	0.3*	0.2	0.2*	0.2*	0.2*	–0.3**	0.0	0.1	–0.0	–0.0	–0.1
Cd	0.4**	0.4**	–0.2*	0.0	–0.3**	–0.1	–0.1	–0.1	–0.1	–0.2	–0.1	–0.0	–0.1	–0.1	0.0
Cu	–0.1	–0.1	0.22*	0.1	0.0	0.2	0.2	0.3**	0.3**	0.2	–0.1	–0.1	0.1	0.1	–0.5**
Pb	–0.0	0.0	–0.2	–0.2	–0.1	0.3**	0.3**	0.4**	0.4**	–0.1	–0.2	–0.1	–0.2	–0.2	–0.5**
Zn	0.2*	0.3**	0.5**	0.5**	–0.4**	0.1	0.1	0.2	0.2	0.3**	–0.3*	–0.2*	0.0	–0.1	–0.3**
PCNM1	0.0	–0.0	0.1	0.0	0.2	–0.4**	–0.4**	–0.2	–0.2*	0.0	–0.0	–0.0	–0.1	–0.1	0.1

环境因子对*nosZ*$_I$-反硝化菌群落结构有显著影响，但是在不同月份对群落结构有显著影响的环境因子不同（图6-15）。对5月群落结构有显著影响的因子共5个（F=5.1，P<0.01），其中SO_4^{2-}影响最大，解释率为14.2%（表6-7）。对7月群落结构有显著影响的环境因子也是5个（F=7.6，P<0.01），其中Cd的影响程度最大（表6-7）。对9月群落结构有显著影响的5个环境因子（F=2.8，P<0.01）中NO_2^-的影响程度最大，解释率是13.1%（表6-7）。对12月群落结构有显著影响的5个因子（F=4.2，P<0.01）中NO_3^-的影响程度最大（表6-7）。除了7月外，在其他3个月份中*nosZ*$_I$-反硝化菌群落结构都受到PCNM1的显著影响，说明*nosZ*$_I$-反硝化菌群落结构的多样性格局也受扩散限制的影响。

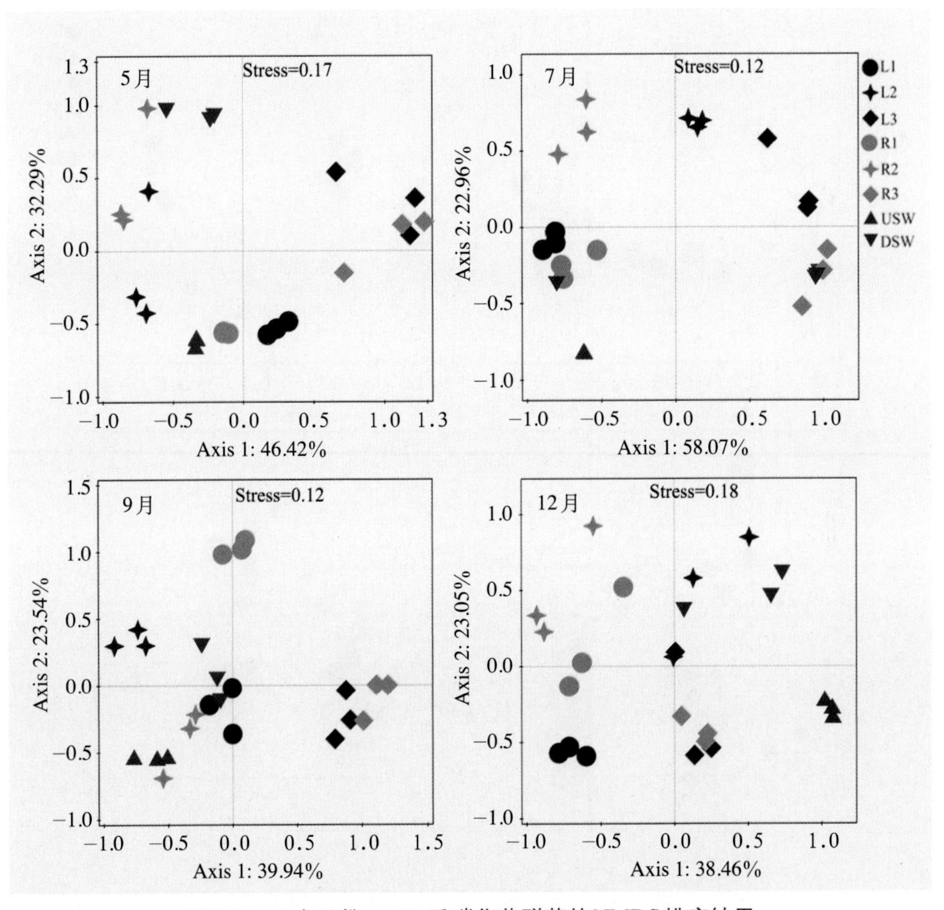

图6-14　4个月份*nosZ*$_I$-反硝化菌群落的NMDS排序结果

表6-7 前选择结果中对*nosZ*$_I$-反硝化菌群落结构有显著影响的环境因子

5月		7月		9月		12月	
环境因子	解释率 %	环境因子	解释率%	环境因子	解释率%	环境因子	解释率%
SO_4^{2-}	14.2**	Cd	21.8**	NO_2^-	13.1**	NO_3^-	18.6**
TC	12.5*	NO_3^-	15.2*	TC	8.4*	NH_4^+	12.2**
EC	12.4**	Zn	11.1**	PCNM1	8.2*	SO_4^{2-}	8.9**
PCNM1	10.1*	EC	9.2**	Cu	8.2*	EC	7.3**
pH	9.6**	As	8.4**	As	8.1*	PCNM1	7.0**

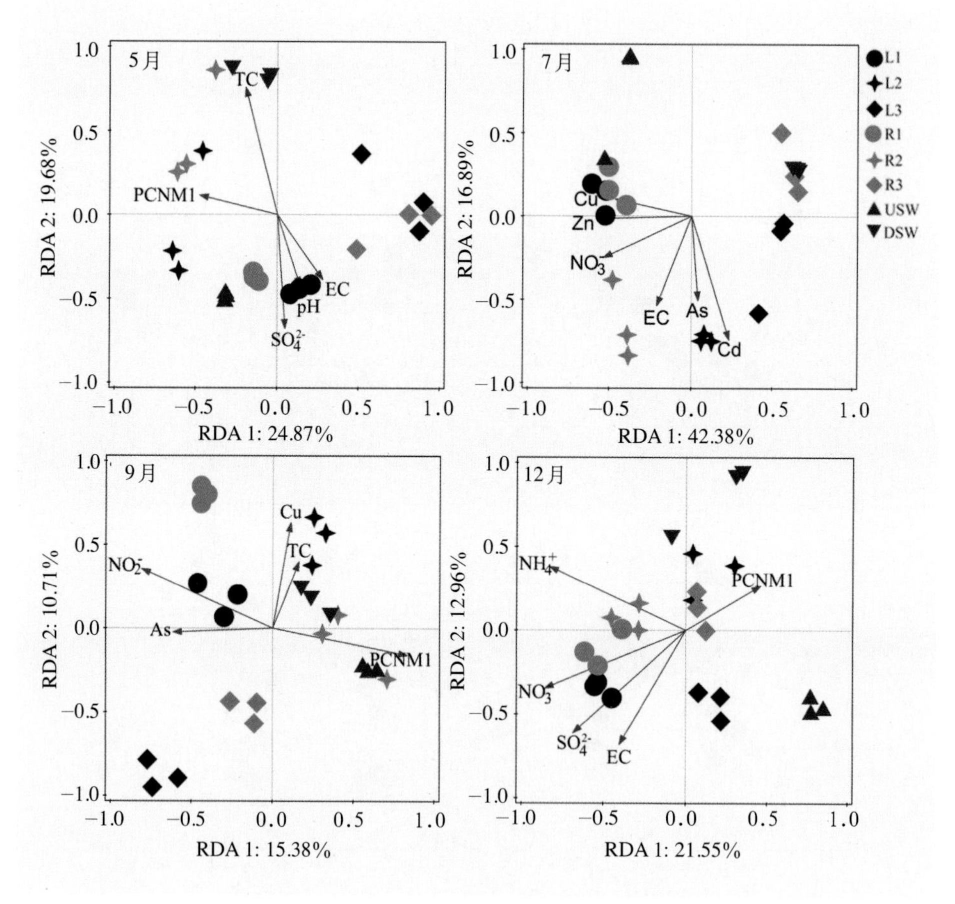

图6-15 4个月份*nosZ*$_I$-反硝化菌群落结构与环境因子的RDA分析结果

为了进一步揭示环境因子和空间距离对*nosZ*$_I$-反硝化菌群落多样性格局的影响程度，VPA结果显示单独的环境因子和单独的空间距离对5月和9月*nosZ*$_I$-反硝化菌群落结构的影响都是显著的，而在12月单独空间距离的影响不显著。单独的环境因子对群落多样性格局的解释率在5月、9月和12月分别是45%、21.2%和28.9%，单独的空间距离对这3个月份群落多样性格局的解释率分别是14.0%、11.2%和1.3%，总解释率分别是49.8%、30.2%和31.3%（表6-8）。总的来看，环境因子的解释率在3个月份都大于空间距离，说明群落的多样性格局主要是环境选择的结果，而总解释率都小于50 %，说明已测定的环境因子和种间关系也对群落格局多样性有重要影响。

表6-8 单独的环境因素（E|S）、单独的空间因素（S|E）、环境因素和空间因素的交互作用（E×S）以及环境因素和空间因素的总和（E+S）对*nosZ*$_I$-反硝化菌群落分布格局解释率的方差分解结果

参数	5月		9月		12月	
	总解释率（%）	*P*	总解释率（%）	*P*	总解释率（%）	*P*
E|S	45.0	0.002	21.2	0.002	28.9	0.002
S|E	14.0	0.002	11.2	0.004	1.3	0.226
E×S	−9.2	–	−2.3	–	1.1	–
E+S	49.8	0.002	30.2	0.002	31.3	0.002

6.6 讨论

6.6.1 反硝化菌群落的组成

环境改变往往会引起群落组成发生变化，在尾矿等极端环境中微生物群落组成沿环境梯度有显著的变化趋势[22, 24]，适应环境的类群会存活下来并扩增繁殖使丰度增加，而对环境变化敏感的类群丰度会减小甚至灭绝。不论是*nirS*、*nirK*还是*nosZI*，这3个反硝化菌群落的组成都有明显的时空格局（图6-1，图6-6和图6-11）。*nirS*-反硝化菌群落的OTU个数在7月最多而在9月最少（图6-1），主要的原因可能是9月水体中较高浓度的NO_3^-和Zn。虽然NO_3^-是

反硝化过程的底物，但是当浓度超过反硝化类群的适应极限时也是一种毒害，只有少数适应性强的类群能适应这样的高氮污染环境。我们已有的研究也表明，在氮浓度较高的区域细菌群落的多样性较低[24]；而高浓度的重金属Zn也会降低反硝化菌群落的多样性[228]。*nirK*-反硝化菌群落的OTU个数在5月最少，为40个，而在12月最多，为47个（图6-6），说明*nirS*-和*nirK*-反硝化菌群落对环境的适应机制不同。虽然*nirS*和*nirK*基因编码的都是亚硝酸盐还原酶，但是二者的结构不同，*nirS*基因编码的是细胞色素cd1血红素型亚硝酸盐还原酶，而*nirK*基因编码的是含金属铜的亚硝酸盐还原酶[81]。*nirS*-和*nirK*-反硝化菌群落具有环境特异性[229]，相对于*nirK*-群落来说，*nirS*-反硝化菌群落更偏好低氧环境[230]，由于很多反硝化菌属于非完全反硝化菌，因此参与不同反硝化过程的微生物群落存在差异[75]。$nosZ_I$-反硝化菌群落的OTU个数在5月最少，为26个，而在9月最多，为35个（图6-11），表明不同月份间*nosZI*-反硝化菌群落组成存在差异。含有*nirS*、*nirK*和$nosZ_I$这3个反硝化功能基因的微生物群落在不同采样点的组成也有明显的差异，且大多数OTU的丰度在左侧和右侧的变化趋势不同（图6-1，图6-6和图6-11）。主要的原因是在尾矿库的两侧环境条件不同：5月和7月在L1采样点的NH_4^+、TOC和Zn浓度高于R1采样点；9月是NO_3^-、NO_2^-和SO_4^{2-}浓度在L1较高，而12月除了NO_3^-、NO_2^-外，在L1采样点TOC和Zn浓度也较高。总的来说尾矿库左侧污染物的浓度更高。在左岸边生长有一些灌木和小乔木，且坡度较右侧更陡，因此有一些凋落物和土壤养分被雨水冲刷进入尾矿库，造成碳氮等物质的浓度增加。

6.6.2 反硝化菌群落α多样性的季节变化

nirS、*nirK*和$nosZ_I$这3个反硝化菌群的丰度总体变化趋势是沿水流方向逐渐增加（表6-1，表6-3，表6-5），表明在硫化物和重金属污染的尾矿废水中，即使在底物（NO_3^-和NO_2^-）浓度较高的环境中，反硝化菌群落的丰度也不会高于低污染环境。在不同月份，3个反硝化菌类群的丰度也有明显的差异，*nirS*-群落的丰度在9月最大（图6-2），*nirK*-群落的丰度在12月最大（图6-6）而$nosZ_I$-群落的丰度在7月和9月显著高于5月和12月（图6-12）。不同功能群落的丰度季节性变化主要与环境参数有显著的相关性，底物硝态氮和亚硝

态氮以及有机碳与*nirS*-群落的丰度显著正相关（表6-6），这与多数研究结果一致[75]；但是与pH却表现为显著正相关，最主要的原因可能是相对于AMD的酸性环境，pH<9.3的AlkMD环境（表2-5）并不会抑制*nirS*-反硝化菌的生长，Grady等[231]研究表明在废水中反硝化菌群落的最适pH梯度是7～9。影响*nirS*-和*nirK*-群落丰度季节性变化的因子不同（表6-6），表明催化同一个反硝化过程的2个功能类群对环境的适应性不同，它们之间存在一定的动态平衡，表现为此消彼长的趋势。$nosZ_I$-群落丰度的季节变化主要与Cu和Pb浓度的变化显著相关。

nirS-反硝化菌群落的α多样性有明显的季节变化，主要与理化参数有显著的相关性，高浓度的NO_3^-和NO_2^-与α多样性显著负相关（表6-6），说明只有少数优势类群能适应高污染的环境，而大多数类群只能在中等污染水平和较低污染水平中存在[22, 24]。NH_4^+和IC浓度与*nirK*-反硝化菌群落的α多样性显著正相关，因为硝化和反硝化是一个耦合过程[72, 76]，铵根可氧化成硝酸根或者被还原为氮气，从而影响反硝化过程。碳源一般是反硝化过程的电子和能量供体，因此碳源也是反硝化过程中重要的影响因素[75]。*nirK*-反硝化菌群落的α多样性与重金属Cu和Pb有显著的正相关性（表6-6），因为*nirK*基因编码的亚硝酸还原酶是含铜蛋白酶，因此该酶的活性离不开金属铜的参与；而Pb也表现为正相关性，可能是由于Pb的浓度较低，没有达到*nirK*反硝化菌耐受的极限。$nosZ_I$-反硝化菌群落的α多样性主要与EC、碳和氮有一定的相关性（表6-6），EC指水体中总的离子浓度，EC越大表示污染物浓度越高，因此高的EC环境中群落的α多样性较低[24]。

6.6.3 反硝化菌群落的适应机制

NMDS排序结果表明，在不同采样点和不同季节间*nirS*-（图6-4）、*nirK*-（图6-9）和$nosZ_I$-（图6-14）这3个反硝化菌群落都有明显不同的空间分布格局。环境选择造成了*nirS*-和*nirK*-反硝化菌群落时空分布格局的差异性（图6-5，图6-10），但是在不同月份影响群落空间分布的因素存在差异，对5月、7月、9月和12月*nirS*-反硝化菌群落结构影响最大的因子分别是EC、pH、TOC和Zn（表6-2），对5月、7月、9月和12月*nirK*-反硝化菌群落结构影响最大的因子分别是pH、As、T和NH_4^+（表6-4）。*nosZ*$_I$-反硝化菌群落空间分布格局的多样性在5月、9月和12月是环境过滤和扩散限制共同影响的结果，而在7月主要是环境过滤（图6-15），其中对这4个月份群落结构影响最大的因子分别是TC、NO_3^-、NO_2^-和NO_3^-（表6-7）。环境的不同造就了群落结构的差异性，功能不同的类群对环境的适应机制也不同[76]，盐浓度尤其是底物（NO_3^-、NO_2^-和NH_4^+）浓度的变化对反硝化菌群落结构和功能都有显著的影响[74, 176, 232]。重金属Cu、As和Zn对反硝化菌群落结构也有显著影响（表6-2，表6-4和表6-7），这与多数研究结果一致。过量的重金属对微生物群落有毒害作用，从而造成结构和功能的改变[219, 233]。

在5月和9月，空间距离对*nosZ*$_I$-反硝化菌群落空间分布格局也有显著影响，解释率分别是14.0%和11.2%（表6-8），表明在这2个月份不同采样点间群落空间格局的多样性也受扩散限制的影响，也就是说*nosZ*$_I$-反硝化菌类群中的窄生境物种大多扩散能力弱，因此很难从一个生境进入另一个生境。总的来说，*nirS*-、*nirK*-和*nosZ*$_I$-这3个反硝化菌群落的空间分布格局主要是环境选择的结果，因为在尾矿废水的极端生境中，采样点间较小的环境改变也足以引起群落结构和功能发生变化。

6.7 小结

研究结果表明*nirS*-、*nirK*-和*nosZ*$_I$-反硝化菌群落的组成、结构和多样性都有明显的时空变化格局，这种格局的形成主要与环境改变有显著的关系。然而，在不同季节它们的多样性格局不同，虽然*nirS*和*nirK*这两个功能基因编码相同功能的亚硝酸还原酶，但是含有这两个功能基因的反硝化菌群落对环境变化的响应机制不同。*nosZ*$_I$-反硝化菌群落也受扩散限制的影响，这也进一步说明了影响不同功能类群的因素不同。总的来说碳、氮和重金属以及pH是影响群落格局多样性的主要理化因子。通过功能基因类群多样性和丰度的变化虽然可以了解反硝化菌群落的适应机制，但是对反硝化活性的改变需要进一步了解酶活和反硝化速率的变化规律。

7 反硝化微生物群落的空间格局及其适应机制

7.1 引言

分析并推断是哪些因素决定了微生物群落的组成和结构，是理解功能微生物如何促进生态系统过程的重要一步[234]。炸药以及浮选剂的使用，使得尾矿废水中氮含量过高从而引起氮污染，过量的氮会对地球上的多种生物造成威胁[72]。在过去的几十年中，人们逐渐意识到废水中的氮也是重要的污染物，研究发现，过量的氮会导致水体富营养化，氨的毒性会引起水生生物死亡。微生物主导的反硝化过程是去除过量氮的最主要的途径[235]，在反硝化过程中硝态氮（NO_3^-）和亚硝态氮（NO_2^-）被还原成气体产物：一氧化氮（NO），一氧化二氮（N_2O）和氮气（N_2）[223]。有研究已经证明，反硝化功能基因如*nirS*，*nirK*和*nosZ*的丰度，与潜在的反硝化速率有关[76, 236]，因此，含有*nirS*，*nirK*和*nosZI*的反硝化菌的群落结构和多样性模式将对反硝化过程产生影响。我们研究发现[24]在十八河尾矿废水中存在明显的氮污染梯度，且反硝化功能基因的拷贝数沿氮梯度有显著的变化，但是反硝化菌群落的结构是否也存在这样的变化趋势，目前还不清楚。

虽然一些古生菌[83, 85]和真核生物（如真菌和原生动物）[237-239]也具有反硝化能力，但是在生态系统中细菌是最主要的反硝化微生物[72, 75]。多数已知的反硝化细菌隶属于变形菌门[76]，它们占反硝化菌总数的60%左右，其中α-，β-，γ-和δ-变形菌纲都是典型的反硝化菌类群[75, 76, 240]。因为不同尾矿水的组成存在差异，因此在不同工业尾矿废水中反硝化菌群落的组成和多样性存在显著的变化。微生物群落组成和结构的变化是适应环境的外在表现，由于反硝化功能基因的变化可以反映环境中微生物的反硝化能力，因此我们推测含有 *nirS*，*nirK* 和 *nosZ* 基因的反硝化菌群落的组成和空间多样性变化是环境筛选的结果。

研究反硝化功能基因组成和反硝化过程的变化可以帮助我们更好地理解微生物在反硝化过程中的主导作用。反硝化菌群落的结构和多样性决定了生态系统中过量氮的去除能力和污染环境的恢复力。在此我们要回答的主要问题是：① AlkMD 如何影响主要的反硝化细菌（Proteobacteria）的群落结构；② AlkMD 如何影响含有 *nirS*，*nirK* 和 $nosZ_I$ 的反硝化菌群落的结构；③在 AlkMD 中反硝化菌如何维持群落的多样性。

我们的研究结果表明，反硝化菌群落的组成和多样性在不同采样点之间差异明显，而且这种多样性格局与环境因子高度相关，因此我们推测微生物群落适应环境的本质是功能适应。

7.2 材料和方法

采样点设置、采样过程、理化性质分析、DNA 提取、PCR 扩增和高通量测序见章节 3.2。PCR 扩增和 DGGE 分析过程见章节 6.3。

7.3 数据分析

为了保证数据符合正态分布，在分析之前对数据进行了相应的转化。不同采样点间微生物群落（变形菌门，含有 *nirS*、*nirK* 和 $nosZ_I$ 基因的反硝化菌）的 α 多样性差异采用 one-way ANOVA，并通过 Waller-Duncan 进行组间比较。不同采样点间群落的相异性通过 PERMANOVA 检验。群落的 α 和 β 多样性与环境因子的关系以及反硝化菌群落结构与变形菌群落结构的关系通过 Spearman 相关系数表示。db-RDA（distance-based redundancy analysis）筛选出对群落结构有显著影响的环境因子，然后通过 RDA 分析不同因子对群落结构的影响程度，最后通过方差分解（VPA）来确定环境因素和空间距离对群落变化的影响程度。统计过程中使用的软件包括：SPSS 20.0（IBM SPSS，USA），

CANOCO（version 5.0，USA），PAST（version 3.15）和R Studio的软件包（vegan，SoDA，PCNM，psych，igraph，reldist和bipartite）。显著性水平均为95%（$P<0.05$）。

7.4 结果

7.4.1 主要反硝化细菌群落的组成和结构

变形菌门是主要的反硝化细菌类群。在5个采样点变形菌门的丰度分别是24538、14285、14586、10651和8231，根据97%的相似性区间得到的OTU个数分别是237、406、514、418和515个（表7-1）。丰度沿排水流动方向逐渐降低，而OTU个数却逐渐增加。

变形菌门的4个α多样性指数（OTUs、Chao-1、Simpson and Shannon）的最小值在STW1。在尾矿库内的3个样点（STW1、STW2和STW3）中，变形菌门的Shannon和Simpson指数在STW2最大，说明中度污染可以增加群落的多样性。变形菌群落的α多样性变化趋势与水体理化参数显著相关，丰度的变化主要与DO、TC和IC含量相关（图7-1）。OTUs、Chao-1、Simpson和Shannon指数与pH、NO_3^-、NO_2^-、EC和SO_4^{2-}含量显著相关（图7-1），表明在AlkMD中环境梯度对群落多样性格局有显著的影响。

表7-1 5个采样点变形菌群落的丰富度和多样性

组别	指数	STW1	STW2	STW3	SUSW	SDSW
变形菌门	测序数	24538	14285	14586	10651	8231
	OTUs	237.00	406.00	514.00	418.00	515.00
	Chao-1	313.30	539.70	612.90	519.40	631.40
	Simpson	0.63	0.95	0.72	0.94	0.97
	Shannon	1.79	3.77	2.89	3.78	4.43

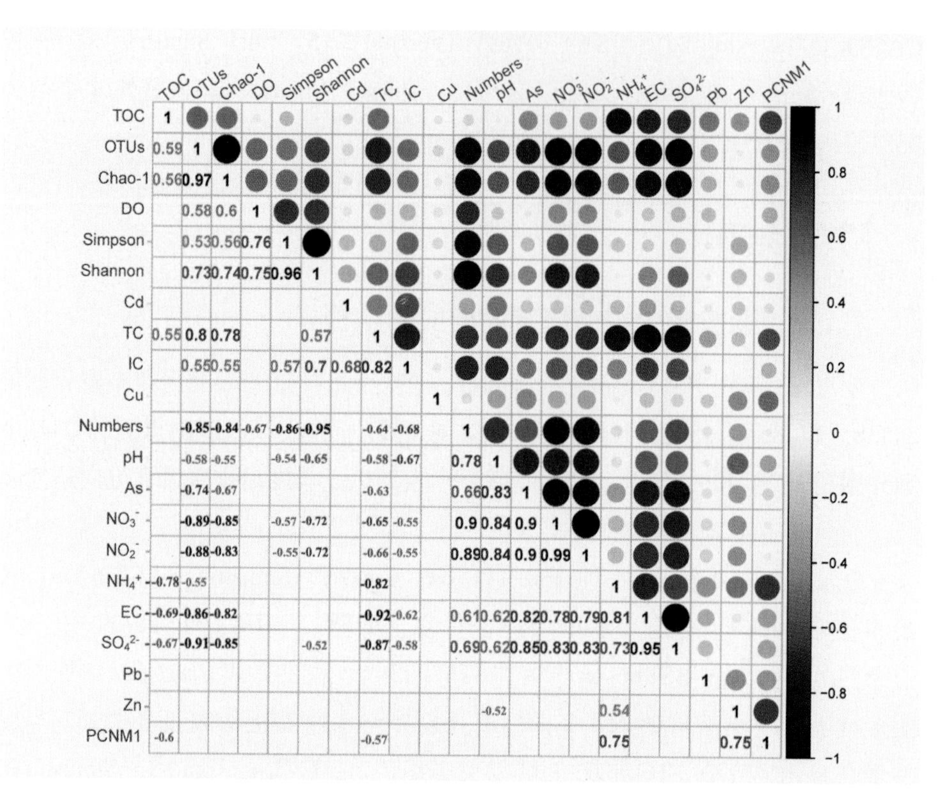

图7-1 环境参数与变形菌群落α多样性指数的相关性分析

5个采样点中，变形菌门的平均相对丰度占整个细菌群落的63.01%，表明它们在维持群落结构的稳定性方面发挥重要的作用（图3-2）。在目水平，其中11个目是常见的反硝化菌类群，它们的平均相对丰度是49.5%（图7-2B）；在科水平，19个反硝化菌类群的平均相对丰度是44.91%（图7-2C）；在属水平，27个常见反硝化菌类群的平均相对丰度是31.83%（图7-2D）。从目到属水平，变形菌群落的组成变化明显，且在不同采样点它们的群落结构也存在显著的差异（表7-2）。

7.4.2 反硝化菌群落的组成和空间结构

含有*nirS*、*nirK*和*nosZ*$_I$基因的反硝化菌群落的组成和多样性在5个采样点存在差异（图7-3，表7-3）。*nirS*-反硝化菌群落共有33个OTUs，其中15个

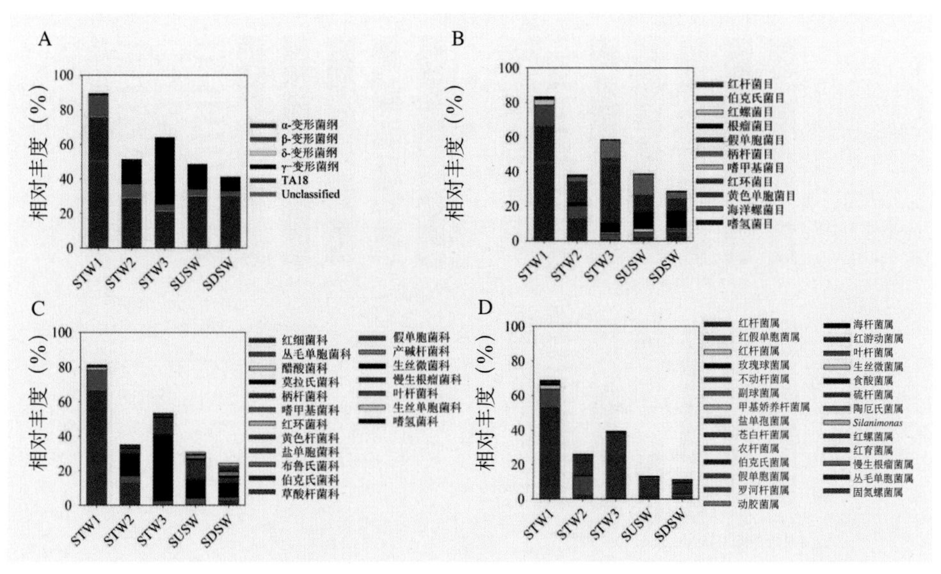

图7-2　变形菌门中的反硝化菌类群　A.纲水平　B.目水平　C.科水平　D.属水平

OTUs的相对丰度>5%，属于优势类群（图7-3A）。*nirK*-反硝化菌群落共有44个OTU，其中的25个OTU是优势类群（图7-3B）。nosZ_I-反硝化菌群落共有31个OTU，其中的15个OTU是优势类群（图7-3C）。优势类群是整个群落的重要组成部分，含有*nirS*、*nirK*和*nos*Z_I基因的反硝化菌群落中的优势类群分别占整个群落的85.09%、85.49%和88.84%（图7-3）。

nirS-和*nirK*-反硝化菌群落的α多样性具有相似的变化趋势，它们的丰度沿水流方向逐渐增加，但是丰富度和多样性却逐渐减小。*nos*Z_I-反硝化菌群落的丰度、丰富度和多样性沿水流方向均是逐渐增加（表7-3）。3个反硝化菌群落的α多样性指数在SDSW中均高于SUSW中（表7-3）。这种变化趋势主要与水体的理化参数显著相关（图7-4）。TOC含量与*nirS*-反硝化菌群落的α多样性有显著的相关性（图7-4A）。*nirK*-反硝化菌群落的α多样性主要与NH_4^+、EC、SO_4^{2-}、Zn、Pb和PCNM1显著相关（图7-4B），*nos*Z_I-反硝化菌群落的α多样性与TC、IC、NH_4^+、EC、Zn和PCNM1显著相关（图7-4C）。*nirS*-、*nirK*-和*nos*Z_I-反硝化菌群落的空间分布格局在5个采样点存在显著的差异（表7-2）。

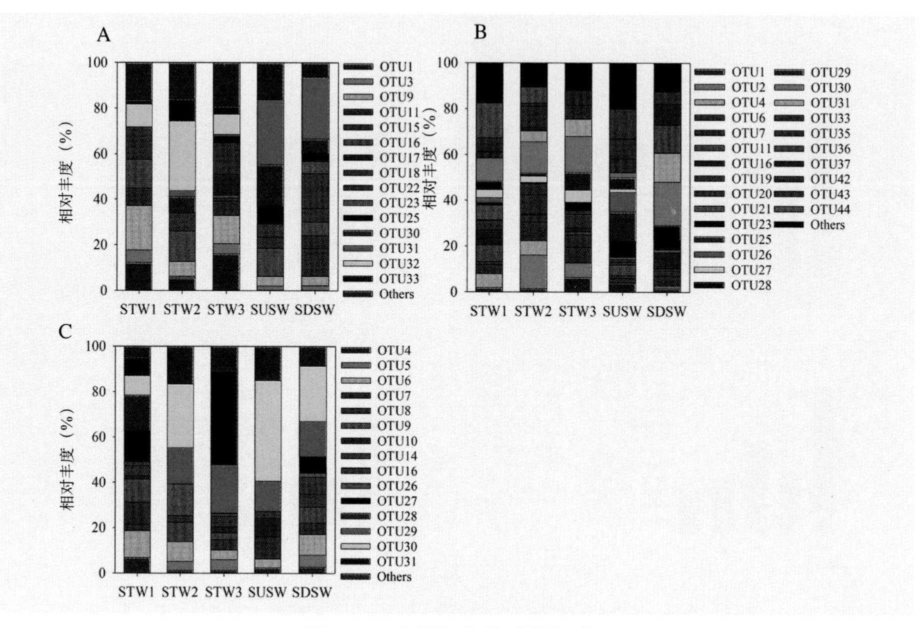

图7-3　反硝化菌的群落组成

A. *nirS*-反硝化菌　B. *nirK*-反硝化菌　C. *nosZ*$_I$-反硝化菌

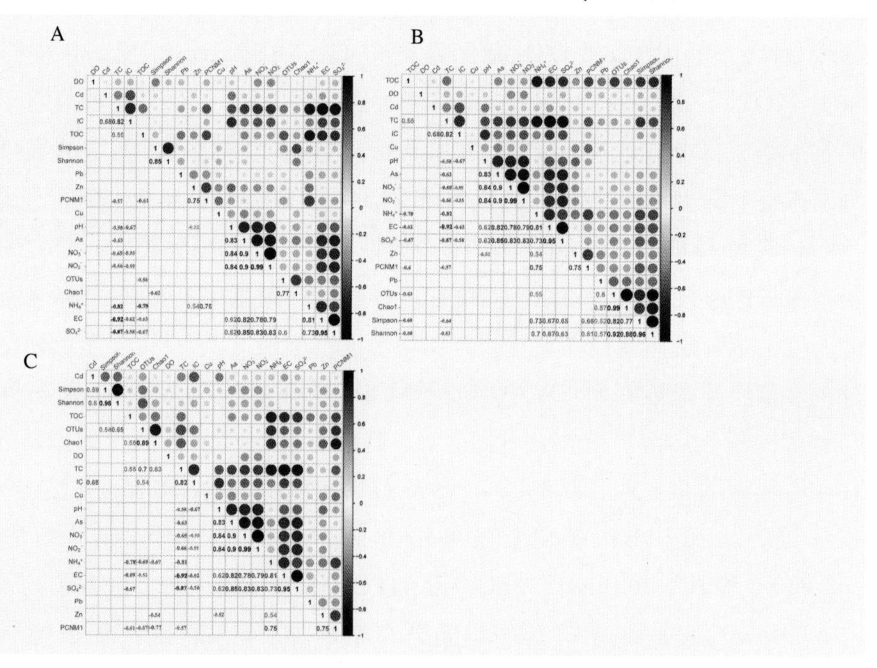

图7-4　反硝化菌群落的α多样性指数与环境理化参数的相关性

A. *nirS*-反硝化菌　B. *nirK*-反硝化菌　C. *nosZ*$_I$-反硝化菌

表7-2 5个采样点中微生物群落的PERMANOVA统计分析结果

分类	*nirS*-反硝化菌		*nirK*-反硝化菌		$nosZ_I$-反硝化菌		变形菌门	
	R^2	P	R^2	P	R^2	P	R^2	P
组别	0.561	0.001	0.625	0.001	0.812	0.001	0.435	0.008

7.4.3 反硝化菌群落结构与环境参数的相关性

db-RDA前选择结果表明：pH、As、TOC、DO和NH_4^+这5个因子对*nirS*-反硝化菌的群落结构影响显著（F=5.5，P < 0.01）；NO_2^-、PCNM1、pH和TOC这4个因子对*nirK*-反硝化菌群落的结构影响显著（F=2.8，P < 0.01）；TOC、DO、NO_3^-、IC、EC和PCNM1这6个因子对$nosZ_I$-反硝化菌的群落结构影响显著（F=6.9，P<0.01）。结果显示TOC含量对3个反硝化菌群落结构都有显著的影响（表7-4），而变形菌门的群落结构只与NO_3^-（F=2.1，P < 0.05）含量有显著的相关性（表7-4）。

表7-4 前选择结果中对*nirS*-、*nirK*-和*nosZI*-反硝化菌以及变形菌群落结构有显著影响的环境因子

nirS-反硝化菌		*nirK*-反硝化菌		$nosZ_I$-反硝化菌		变形菌门	
环境因子	解释率%	环境因子	解释率%	环境因子	解释率%	环境因子	解释率%
pH	41.0**	NO_2^-	23.5**	TOC	25.7**	NO_3^-	41.0*
As	16.1**	PCNM1	18.6**	DO	22.0**	–	–
TOC	10.1**	pH	14.5**	NO_3^-	12.9**	–	–
DO	9.0*	TOC	9.6*	IC	10.9**	–	–
NH_4^+	5.0*	–	–	EC	9.0**	–	–
–	–	–	–	PCNM1	5.5*	–	–

表7-3　在5个采样点反硝化菌群落的丰富度和多样性指数组成

反硝化菌群	指数	STW1	STW2	STW3	SUSW	SDSW
nirS-反硝化菌	lg（拷贝数）	3.94±0.13b	4.49±0.06a	4.43±0.10a	3.31±0.05c	4.38±0.08a
	OTUs	15.00±0.289a	14.67±0.441ab	13.67±0.167c	15.00±0.000a	14.00±0.289bc
	Chao-1	19.80±2.688a	20.07±3.303a	17.38±2.214b	17.89±1.495a	17.48±1.922a
	Simpson	0.88±0.010a	0.85±0.015a	0.88±0.007a	0.86±0.010a	0.87±0.010a
	Shannon	2.21±0.051a	2.10±0.049b	2.17±0.039ab	2.17±0.045a	2.17±0.054a
nirK-反硝化菌	lg（拷贝数）	3.91±0.06ab	3.70±0.28b	4.49±0.15a	0.66±0.07c	1.13±0.02c
	OTUs	21.00±0.866a	18.33±0.333b	13.33±0.441c	20.33±0.928ab	18.89±0.873ab
	Chao-1	26.30±2.924a	24.78±3.193a	16.24±1.603b	25.14±2.724a	26.29±3.939a
	Simpson	0.92±0.007a	0.90±0.009ab	0.87±0.008c	0.93±0.006a	0.88±0.012bc
	Shannon	2.58±0.053a	2.41±0.046ab	2.14±0.041c	2.56±0.060a	2.31±0.075bc
$nosZ_I$-反硝化菌	lg（拷贝数）	4.61±0.05d	4.93±0.01b	4.80±0.05c	4.82±0.01bc	5.36±0.04a
	OTUs	13.67±0.667b	13.67±0.167bc	14.33±0.167b	11.67±0.167c	16.33±0.333a
	Chao-1	15.78±1.507bc	18.28±2.462bc	21.50±3.654ab	13.00±0.707c	21.27±2.454a
	Simpson	0.89±0.007a	0.84±0.019bc	0.78±0.020c	0.76±0.033c	0.88±0.008ab
	Shannon	2.24±0.056a	1.99±0.081b	1.82±0.058b	1.80±0.091b	2.28±0.046a

7.4.4 群落间的相关性以及群落的多样性格局

不同群落的空间结构（β多样性）之间存在一定的相关性。*nirS*-和*nirK*-反硝化菌群落的β多样性与变形菌群落的β多样性显著相关，而$nosZ_I$-反硝化菌群落的β多样性与整个群落的β多样性显著相关（表7-5）。

表7-5 整个细菌群落以及变形菌群落的结构与反硝化菌群落结构之间的相关性

细菌群落	反硝化菌群落		
	nirS-反硝化菌	*nirK*-反硝化菌	$nosZ_I$-反硝化菌
所有OTUs	0.530	0.518	0.709*
变形菌门	0.721*	0.831*	0.618

通过方差分解（VPA）得到环境因子和空间距离对*nirS*-、*nirK*-和$nosZ_I$-反硝化菌和变形菌群落的解释率分别是61.5%、38.5%、71.6%和20.7%（表7-6）。环境因子对4个群落的解释率分别是55.5%、25.2%、60.5%和27.8%，且均达到了显著的水平，而单独的空间距离只对$nosZ_I$-反硝化菌群落结构有显著影响（表7-6），表明环境选择对群落构建有重要影响。环境因子和空间距离的交互作用对群落结构也有一定的影响（除了变形菌门）（表7-6），表明空间距离通过影响环境参数对群落结构产生间接影响。

表7-6 单独的环境因素（E|S）、单独的空间因素（S|E）、环境因素和空间因素的交互作用（E×S）以及环境因素和空间因素的总和（E+S）对反硝化菌群落分布格局解释率的方差分解结果

参数	*nirS*-反硝化菌	*nirK*-反硝化菌	$nosZ_I$-反硝化菌	变形菌门
	解释率%	解释率%	解释率%	解释率%
E|S	55.5**	25.2**	60.5**	27.8*
S|E	−0.9	−0.6	5.5*	−0.6
E×S	6.9	13.9	5.6	−6.5
E+S	61.5**	38.5**	71.6**	20.7*

7.5 讨论

7.5.1 主要反硝化细菌群落的多样性

变形菌门是最重要的反硝化细菌类群，也是细菌群落的重要组成部分[75, 76]。一些研究表明变形菌门对局域环境条件变化敏感[22, 24, 76]，这与本研究结果一致。我们的研究结果表明，变形菌群落的α和β多样性沿水流方向有明显的变化（表7-1和表7-2），这种格局的形成主要与水体NO_3^-、NO_2^-、SO_4^{2-}、TC和pH显著相关（图7-1，表7-4）。变形菌群落的丰度沿水流方向逐渐减小，我们先前的研究发现变形菌群落中的多数类群属于反硝化细菌[24]，因此在STW1中高硝态氮生境中变形菌群落的丰度也高。当然，DO和TC含量也是影响变形菌群落丰度的重要因子（图7-1）。环境梯度变化引起的生物应激反应，改变了微生物群落的组成[22, 24]，在污染程度较低的地方分类群的丰度会增加，而在中等污染水平下会增加群落的多样性[147]。pH只与变形菌群落的α多样性有显著的相关性，而与它们的β多样性没有显著的相关性（图7-1，表7-4）。这可能是由于变形菌群落中的优势类群属于反硝化细菌，因此与pH相比氮含量的变化对群落的影响更明显。重金属含量对变形菌群落的α多样性也有显著的影响（图7-1），这与多数研究结果一致，在工业废水中重金属含量对微生物群落的影响是显著的[22, 24, 241, 242]。变形菌群落的丰度与重金属As的浓度显著正相关（图7-1），这种现象在其他研究中也存在[117, 118]，可能是由于生物可利用的重金属离子浓度较低。

微生物群落的相对丰度变化反映了功能类群在特定生态系统中的适应性。变形菌门是细菌群落中的优势门，平均相对丰度高达58.95%（图7-2A）。不同类群变化趋势的差异反映了反硝化细菌对环境不同的适应性。不同功能类群在反硝化过程中发挥的作用不同，因此对环境变化的反应策略也不同。

7.5.2 *nirS*-、*nirK*-和*nosZ*$_I$-反硝化菌群落的多样性

nirS-、*nirK*-和*nosZ*$_I$-反硝化菌在反硝化过程中尤为重要，因为*nirS*和*nirK*基因编码的亚硝酸盐还原酶催化的反应产生了反硝化过程中的第一种气体

($NO_2^- \rightarrow NO$)[226]，而由*nosZ*基因编码的一氧化二氮还原酶催化的反应($N_2O \rightarrow N2$)是减少温室气体排放的重要步骤。实际上*nosZ*基因包括2个编码相同酶的基因片段（$nosZ_I$和$nosZ_{II}$）[243, 244]，遗憾的是在本研究中只扩增出了$nosZ_I$基因片段。*nirS*-、*nirK*-和$nosZ_I$-反硝化菌群落的组成、结构和多样性在不同采样点存在显著的差异（图7-2和图7-3，表7-3），这种差异性主要与环境参数存在显著的相关性（图7-4，表7-4）。

3个反硝化菌群落的OTU个数不同（图7-3，表7-3），表明*nirK*-反硝化菌群落中包含的物种个数最多，而$nosZ_I$-反硝化菌群落中包含的物种个数最少。有研究发现，*nirK*基因在微生物群落中的分布广泛[245]，而约1/3的反硝化菌不含有*nosZ*基因[246]，这可能是造成不同反硝化菌群落物种组成差异的重要原因。*nirS*-和*nirK*-反硝化菌群落多样性的变化趋势相似（表7-3），因为这两个反硝化菌群落在反硝化过程中具有相同的生态功能[72, 76]。*nirS*-反硝化菌群落的α多样性与TOC含量显著相关（图7-4A），而*nirK*-反硝化菌群落的α多样性与NH_4^+、EC、SO_4^{2-}、Zn、Pb和PCNM1显著相关（图7-4B）。影响*nirS*-和*nirK*-反硝化菌群落空间分布格局的环境因子不同（表7-4）。*nirS*-和*nirK*-反硝化菌群落由不同的微生物组成，因此它们的群落空间格局具有环境特异性[76, 247]。Saarenheimo等[76]对湖泊中反硝化细菌的研究发现，*nirS*-反硝化菌更偏好于生长在低氧环境，该结果与本文研究结果相反（表7-4）。这可能是由于在AlkMD中氮、碳、硫以及重金属对反硝化菌群落的影响更显著，从而削弱了DO的作用。作为电子受体的反硝化底物NO_3^-和NO_2^-的浓度影响反硝化还原酶的表达[76, 248]，因此不难理解NO_2^-对*nirK*-反硝化菌群落结果有显著影响（表7-4），同时扩散限制对*nirK*-反硝化菌的群落结构也有显著影响（表7-4）。极端的pH水平对反硝化菌群落结构有显著影响，在本研究中，pH只对*nirS*-和*nirK*-反硝化菌群落结构有显著的影响，而对$nosZ_I$-反硝化菌群落结构没有显著影响（表7-4）。TOC对3个反硝化功能菌群落都有显著影响（表7-4），主要是由于碳含量（尤其是有机碳）[75]是反硝化菌群落的主要能量来源，作为电子供体，它们的浓度变化可以影响反硝化速率。

7.5.3 反硝化菌群落间的相关性和多样性维持机制

在自然环境中，细菌是最主要的反硝化微生物，其中属于变形菌的反硝化细菌占全部反硝化细菌的60%[75]。*nirS*-、*nirK*-和$nosZ_I$-反硝化菌是反硝化过程中关键的3个反硝化菌类群。因此我们推测整个细菌群落和变形菌群落结构与*nirS*-、*nirK*-和$nosZ_I$-反硝化菌群落的结构之间存在一定的相关性。研究结果表明，变形菌的群落结构与*nirS*-和*nirK*-反硝化菌的群落有显著的相关性，而$nosZ_I$-反硝化菌的群落结构与整个细菌的群落结构有显著的相关性（表7-5）。这也进一步证实了变形菌群落中多数类群具有反硝化能力，且大多含有*nirS*和*nirK*功能基因。$nosZ_I$-反硝化菌与整个群落结构显著相关，说明其他细菌类群包括绿弯菌门、厚壁菌门、绿菌门、疣微菌门和*Armatimonadetes*中的一些具有反硝化能力的细菌可能是$nosZ_I$功能基因的携带者[75]。

在本研究中，我们发现环境选择驱动了反硝化菌和变形菌群落的空间分布格局（表7-6）。虽然扩散限制对$nosZ_I$-反硝化菌群落空间格局的多样性也有显著的影响，但是环境选择的强度要大得多（表7-6）。不同的环境因子对群落结构的影响程度不同（表7-4），这在大多研究中也得到了证实[24, 76, 225, 232]。对*nirS*-和*nirK*-反硝化菌群落结构影响最显著的因子分别是pH和NO_2^-（表7-4），该结果表明反硝化菌群落对pH变化敏感，也可以说，虽然*nirS*基因的分布比*nirK*更为广泛[225]，但具有相同功能的不同群落的生态位具有重叠部分。相比于*nirS*-和*nirK*-反硝化菌群落，$nosZ_I$-反硝化菌群落更适宜在高DO浓度中生长，这可能是因为在$nosZ_I$-反硝化菌群落中有更多的好氧菌[249]。这3个反硝化类群对环境因子的不同响应机制，可归结于它们生态位的分化[225, 246]。

7.6 小结

在本研究中，我们观察到反硝化菌群落组成和空间多样性格局的变化，主要取决于这些沿水流方向有显著变化的局域环境条件（pH、TOC、TC、NO_3^-和NO_2^-），可进一步推断出在AlkMD中环境选择是驱动反硝化菌群落多样性的主要原因。碳、氮、硫的可利用性以及重金属的生物毒性对反硝化菌群落的α和β多样性影响显著，表明基于生态位的微生物群落构建过程在很大程度上取决于局域的环境条件。变形菌群落的多样性与NO_3^-和NO_2^-含量显著相关，pH和NO_2^-对*nirS*-和*nirK*-反硝化菌群落的空间格局影响显著，而TOC对$nosZ_I$-反硝化菌群落的空间格局影响显著。因此，我们的研究结果表明，环境过滤强度影响了高污染生态系统中反硝化菌群落的结构。为了进一步揭示环境变化对反硝化菌群落多样性的影响，下一步要解决的问题是了解反硝化菌群落在AlkMD中代谢活性的变化趋势。

8 结论与展望

8.1 结论

微生物是自然界中分布最广，适应性最强的生物，它们无处不在，但是不同类群对环境的适应能力和适应机制存在差异，因此常常被用来指示环境的污染强度和恢复能力。本研究对在空间尺度上有明显污染梯度的尾矿废水中的细菌群落、真菌群落和反硝化功能群落的时空动态和适应机制进行了研究，探讨了环境变化和空间距离以及种间作用对群落多样性格局影响的相对重要性，为群落构建机制的研究提供了新的理论依据，同时为矿区生态恢复提供了技术支持和抗性物种筛选的可能。

8.1.1 细菌群落的时空格局及其适应机制

基于DGGE和qPCR数据，我们研究发现在尾矿库左右两侧，细菌群落的丰度和多样性沿环境梯度存在明显的变化趋势。沿着水流方向细菌群落的α多样性和拷贝数逐渐增加，且在温度较高的7月和9月细菌群落的丰度显著高于温度偏低的5月和12月。TOC含量与细菌群落的丰度存在显著的正相关性，而NH_4^+和重金属（Pb和Cu）浓度越高细菌群落的丰度越小，表明高浓度的铵离子和重金属对细菌造成了一定的毒害。

组成细菌群落的不同组分对环境变化的响应机制不同，优势细菌类群和稀有细菌类群的多样性格局明显不同。优势细菌类群与整个细菌群落的空间分布具有高度的相似性，因此我们可以说优势细菌类群是整个群落空间结构的主要体现者，而稀有细菌类群主要与物种多样性有关，影响群落的α多样性，稀有物种越多整个群落的α多样性就越高。整个细菌群落以及优势细菌类群的空间格局主要是由局域环境过滤驱动；其中5月的主要影响因子是NO_2^-，7月的主要影响因子是EC，9月的主要影响因子是TOC，12月的主要影响因子也是EC。稀有细菌类群的空间格局是环境选择和扩散限制共同作用的结果，但是环境选择的相对作用更强，影响5、7、9和12月稀有细菌类群的主要环境因子分别是DO、NH_4^+、As和DO。扩散限制对5月、7月和12月细菌群落的空间分布也有影响，同时种间相互作用的强度和复杂性在不同月份之间也不同。

基于高通量测序数据，我们的研究结果表明变形菌门细菌是最主要的细菌类群，而属于α-变形菌纲的红杆菌属及属于β-变形菌纲的噬氢菌属等优势类群均是一些关键的反硝化菌。沿着排水方向细菌群落的丰度和α多样性逐渐增加，且暴露于变化环境条件下的细菌群落具有明显不同的空间格局。环境变量和微生物之间的关联主要与EC、NO_2^-和NO_3^-的变化有关。

8.1.2 真菌群落的时空格局及其适应机制

环境梯度对真菌群落的组成、结构和多样性均有明显的影响，在尾矿库的左侧和右侧真菌群落的丰度沿排水方向从上游到下游逐渐增加，而在不同采样时间真菌群落的丰度也有明显的变化，其中在9月真菌群落的丰度最高，其余3个月份则没有显著的差异。与细菌群落的变化规律相似，真菌群落的α多样性在4个月份中都是沿水流方向逐渐增大，且DSW采样点中真菌群落的α多样性高于USW中群落的α多样性，说明在高污染区域真菌群落的多样性较低，只有少数耐受性较高的物种能够存活下来。真菌群落的α多样性变化主要与水体理化参数有显著的相关性，其中NO_3^-是最主要的影响因子；优势真菌类群与稀有真菌类群α多样性的变化趋势存在差异，且各自受到的影响因素也不同，表明在整个群落中不同的组成部分对环境变化的适应机制不同。

群落的分布格局在不同采样点存在显著的差异，整个群落、优势类群和稀有类群间的分布格局也不同，虽然空间距离对群落空间格局的多样性也有影响，但是环境选择是造成不同采样点间真菌群落空间格局多样性的最主要原因。影响5月整个群落、优势类群和稀有类群在不同采样点分布格局差异性的关键因子是pH、Zn和NO_3^-；影响7月整个真菌群落、优势和稀有类群分布格局多样性的关键因子是NH_4^+、T和IC；影响9月整个真菌群落、优势和稀有类群分布格局多样性的关键因子是TOC、TOC和pH；影响12月整个真菌群落、优势和稀有类群分布格局多样性的关键因子都是TC。季节变化和环境差异共同影响不同月份间真菌群落的分布格局，而环境筛选是主要的驱动力，其中Cd浓度是最关键的环境因子。环境选择的强度在不同采样点间存在差异，表现为在废水刚排出的上游选择强度更大，而在上游和下游渗流水中则没有明显的差异。在4个月份环境选择强度没有显著的差异。与细菌群落相比，真菌群落中物种间的相互作用要弱得多，因此可以说真菌群落的时空分布的多样性格局主要是环境选择的结果。

高通量测序数据结果表明，从上游到下游不同采样点真菌群落具有明显不同的空间分布格局。真菌群落的α多样性在STW2采样点最小，在STW3采样点最大，这种变化趋势与细菌群落不同，说明环境梯度对细菌和真菌群落的影响程度不同。不同环境中分布着不同的优势类群，其中布勒掷孢酵母属、*Schizangiella*、支顶孢属和亚罗酵母属分别是不同采样点的优势真菌属。真菌群落的丰度沿水流方向逐渐增加而在上游和下游渗流水中却没有显著差异，群落的α多样性指数变化主要与TOC、EC、NO_2^-和As浓度变化有显著的相关性。Zn和IC是影响群落空间分布格局的主要因子，而细菌群落的空间分布对真菌群落没有显著影响。总的来说真菌群落的空间格局是环境选择的结果，而扩散限制的作用不显著。

8.1.3 反硝化菌群落的时空格局及其适应机制

nirS-、*nirK*-和*nosZ$_I$*-反硝化菌群落的组成和空间分布格局有明显的季节（月份）变化，这种变化主要取决于pH、TOC、TC、NO_3^-和NO_2^-等局域环境条件的改变，可进一步推断出在AlkMD中环境选择是驱动反硝化菌群落多样性的主要原因。碳、氮、硫的可利用性以及重金属的生物毒性对反硝化菌群落的α和β多样性影响显著，表明基于生态位的微生物群落构建过程在很大程度上取决于局域的环境条件。pH和NO_2^-对*nirS*-和*nirK*-反硝化菌群落分布格局的季节变化影响显著，而TOC对*nosZ$_I$*-反硝化菌群落分布格局的季节变化影响显著。

nirS-、*nirK*-和*nosZ$_I$*-反硝化菌群落的组成和多样性具有明显的空间格局，这种格局的形成主要与环境改变有显著的关系。碳、氮和重金属以及pH是影

响群落空间格局多样性的主要理化因子。虽然*nirS*和*nirK*这两个功能基因编码相同功能的亚硝酸还原酶，但是含有这两个功能基因的反硝化菌群落对环境变化的响应机制不同。同时，$nosZ_I$-反硝化菌群落也受扩散限制的影响，这也进一步说明了不同功能类群的多样性维持机制存在差异。

8.2 展望

（1）细菌和真菌群落虽然在矿区生态恢复中发挥重要的作用，但是以细菌和部分真菌为食的原生生物可调节细菌和真菌群落的组成和结构乃至整个微食物链，且单细胞的原生生物对环境变化极其敏感，可作为环境污染强度的重要指示类群，因此在以后的工作中同时考虑原生生物群落，能更全面地反映微生物群落在污染生境中的分布模式和适应机制。

（2）环境选择、扩散限制和种间相互作用是影响群落分布格局的主要驱动力，而由于微生物数量庞大种间和种内关系复杂，仅靠数学模型（网络图）并不能充分定量群落内和群落间物种相互作用的强度，所以对种间关系的分析还需要探索新的途径和方法。

（3）功能基因类群多样性和丰度的变化虽然可以了解反硝化菌群落的适应机制，但是对反硝化活性的改变需要进一步了解酶活和反硝化速率的变化规律。为了进一步揭示环境变化对反硝化菌群落多样性的影响，下一步要解决的问题是了解反硝化菌群落在AlkMD中代谢活性的变化趋势。

（4）把微生物群落多样性与生态系统多功能性联系起来，从功能上来揭示微生物群落对环境变化的适应机制，更能真实反映微生物群落在极端环境下的应对策略。

参 考 文 献

[1] Lottermoser B G. Mine wastes[M]. New York: Springer, 2010: 10-25.

[2] Huang L N, Tang F Z, Song Y S, et al. Biodiversity, abundance, and activity of nitrogen-fixing bacteria during primary succession on a copper mine tailings[J]. FEMS Microbiology Ecology, 2011, 78(3): 439-450.

[3] Vasilatos C, Koukouzas N, Alexopoulos D. Geochemical control of acid mine drainage in abandoned mines: the case of Ermioni Mine, Greece[J]. Procedia Earth and Planetary Science, 2015, 15: 945-950.

[4] 朱超英，阳华玲．复杂选矿尾矿废水处理与回用技术研究[J]. 矿冶工程，2014, 34(4): 337-340.

[5] 刘晋仙，李毳，景炬辉，等．中条山十八河铜尾矿库微生物群落组成与环境适应性[J]. 环境科学，2017, 38(1): 320-328.

[6] 黄海燕．锰矿废水污染现状分析与微生物修复技术研究[D]. 贵阳：贵州大学，2009.

[7] U. S. Geological Survey. Mineral commodity summaries 2024[R]. St. Louis: U. S. Geological Survey, 2024: 64.

[8] 林海，崔轩，董颖博，等．铜尾矿库重金属Cu、Zn对细菌群落结构的影响[J]. 中国环境科学，2014, 34(12): 3182-3188.

[9] Rzymski P, Klimaszyk P, Marszelewski W, et al. The chemistry and toxicity of discharge waters from copper mine tailing impoundment in the valley of the Apuseni Mountains in Romania[J]. Environmental Science and Pollution Research, 2017, 24(26): 21445-21458.

[10] Correa J A, Roman D A, de la Harpe J, et al. Copper, copper mining effluents and grazing as potential determinants of algal abundance and diversity in northern Chile[J]. Environmental Monitoring and Assessment, 1998, 61(2): 265-281.

[11] Nouhou D, Bernhard D, Hans-Rudolf P, et al. Microbial communities in a porphyry copper tailings impoundment and their impact on the geochemical dynamics of the mine waste[J].

Environmental Microbiology, 2007, 9(2): 298-307.

[12] Medina M, Andrade S, Faugeron S, et al. Biodiversity of rocky intertidal benthic communities associated with copper mine tailing discharges in northern Chile[J]. Marine Pollution Bulletin, 2005, 50(4): 396-409.

[13] 罗晓玲. 国内外铜矿资源分析[J]. 世界有色金属, 2000(4): 4-10.

[14] 张楠. 2023年中国铜工业供需形势分析[J]. 中国矿业, 2024, 33(2): 20-28.

[15] 贺梦醒, 高毅, 孙庆业. 尾矿废水对河流沉积物和稻田土壤细菌多样性的影响[J]. 环境科学, 2011(6): 1778-1785.

[16] 景炬辉, 刘晋仙, 李毳, 等. 中条山铜尾矿坝面土壤细菌群落的结构特征[J]. 应用与环境生物学报, 2017(3): 527-534.

[17] 潘德成, 吴祥云. 矿区次生裸地水土保持与生态重建技术探讨[J]. 水土保持应用技术, 2009(4): 23-25.

[18] 景炬辉. 中条山铜尾矿库坝面土壤微生物群落结构特征[D]. 太原: 山西大学, 2017.

[19] 王家生, 王永标, 李清. 海洋极端环境微生物活动与油气资源关系[J]. 地球科学, 2007, 32(6): 781-788.

[20] 张晓君, 姚檀栋, 马晓军. 极地深层冰川微生物研究的现状与意义[J]. 极地研究, 2000, 12(4): 269-274.

[21] 覃千山, 承磊, 张辉, 等. 新疆泥火山微生物群落[J]. 中国沼气, 2015, 33(3): 3-9.

[22] Bier R L, Voss K A, Bernhardt E S. Bacterial community responses to a gradient of alkaline mountaintop mine drainage in Central Appalachian streams[J]. The ISME Journal, 2015, 9(6): 1378-1390.

[23] Hao C, Wang L, Gao Y, et al. Microbial diversity in acid mine drainage of Xiang Mountain sulfide mine, Anhui Province, China[J]. Extremophiles, 2010, 14(5): 465-474.

[24] Liu J, Li C, Jing J, et al. Ecological patterns and adaptability of bacterial communities in alkaline copper mine drainage[J]. Water Research, 2018, 133: 99-109.

[25] 谢学辉, 范凤霞, 袁学武, 等. 德兴铜矿尾矿重金属污染对土壤中微生物多样性的影响[J]. 微生物学通报, 2012(5): 624-637.

[26] 詹婧, 孙庆业. 铜陵铜尾矿废弃地细菌多样性研究[J]. 安徽农业科学, 2010(4): 1660-1663.

[27] 冯光志，廖李明，刘子莹，等. 古矿区高活性高抗性氧化亚铁硫杆菌的分离鉴定及其特性研究[J]. 微生物学杂志，2017, 37(3): 77-86.

[28] He Z G, Xie X H, Xiao S M, et al. Microbial diversity of mine water at Zhong Tiaoshan copper mine, China[J]. Journal of Basic Microbiology, 2007, 47(6): 485-495.

[29] 戴志敏，尹华群，曾晓希，等. 云南东川黄铜矿酸性浸矿废水中微生物群落分析[J]. 现代生物医学进展，2007, 7(11): 1608-1611.

[30] 李梦杰. 重金属污染矿区微生物多样性分析[D]. 西安：西安建筑科技大学，2016.

[31] Kefeni K K, Msagati T A M, Mamba B B. Acid mine drainage: prevention, treatment options, and resource recovery: a review[J]. Journal of Cleaner Production, 2017, 151: 475-493.

[32] Moodley I, Sheridan C M, Kappelmeyer U, et al. Environmentally sustainable acid mine drainage remediation: research developments with a focus on waste/by-products[J]. Minerals Engineering, 2018, 126: 207-220.

[33] 于瑞莲. 有机酸碱在不同pH下对水生生物的急性毒性及QSAR研究[D]. 哈尔滨：东北师范大学，1998.

[34] Zagury G J, Kulnieks V I, Neculita C M. Characterization and reactivity assessment of organic substrates for sulphate-reducing bacteria in acid mine drainage treatment[J]. Chemosphere, 2006, 64(6): 944-954.

[35] Simate G S, Ndlovu S. Acid mine drainage: challenges and opportunities[J]. Journal of Environmental Chemical Engineering, 2014, 2(3): 1785-1803.

[36] Birrer S C, Dafforn K A, Johnston E L. Microbial community responses to contaminants and the use of molecular techniques[M]. Sydney: Springer, 2017, 165-183.

[37] 周健民. 土壤学大辞典[M]. 北京：科学出版社，2013, 68-93.

[38] Bier R L. Microbial community responses to environmental perturbation[D]. Durham: Duke University, 2016.

[39] Baker B J, Banfield J F. Microbial communities in acid mine drainage[J]. FEMS Microbiology Ecology, 2003, 44(2): 139-152.

[40] Xie X H, Xiao S M, Liu J S. Microbial communities in acid mine drainage and their interaction with pyrite surface[J]. Current Microbiology, 2009, 59(1): 71-77.

[41] Kuang J L, Huang L N, He Z L, et al. Predicting taxonomic and functional structure of

microbial communities in acid mine drainage[J]. The ISME Journal, 2016, 10(6): 1527-1539.

[42] Chen L X, Huang L, Mendez-Garcıa C, et al. Microbial communities, processes and functions in acid mine drainage ecosystems[J]. Current Opinion in Biotechnology, 2016, 38: 150-158.

[43] Auld R R, Mykytczuk N C S, Leduc L G, et al. Seasonal variation in an acid mine drainage microbial community[J]. Canadian Journal of Microbiology, 2017, 63(2): 137-152.

[44] Hua Z S, Han Y J, Chen L X, et al. Ecological roles of dominant and rare prokaryotes in acid mine drainage revealed by metagenomics and metatranscriptomics[J]. The ISME Journal, 2015, 9(6): 1280-1294.

[45] Méndez-García C, Peláez A I, Mesa V, et al. Microbial diversity and metabolic networks in acid mine drainage habitats[J]. Frontiers in Microbiology, 2015, 6: 475-476.

[46] Kleinsteuber S, Muller F, Chatzinotas A, et al. Diversity and in situ quantication of Acidobacteria subdivision 1 in an acidic mining lake[J]. FEMS Microbiology Ecology, 2008, 63(1): 107-117.

[47] Kim J, Koo S, Kim J, et al. Influence of acid mine drainage on microbial communities in stream and groundwater samples at Guryong Mine, South Korea[J]. Environmental Geology, 2009, 58(7): 1567-1574.

[48] Zhang H B, Yang M X, Shi W, et al. Bacterial diversity in mine tailings compared by cultivation and cultivation-independent methods and their resistance to lead and cadmium[J]. Microbial Ecology, 2007, 54(4): 705-712.

[49] Huang L, Kuang J, Shu W. Microbial ecology and evolution in the acid mine drainage model system[J]. Trends Microbiol, 2016, 24(7): 581-593.

[50] Gillan D C, Danis B, Pernet P, et al. Structure of sediment-associated microbial communities along a heavy-metal contamination gradient in the marine environment[J]. Applied and Environmental Microbiology, 2005, 71(2): 679-690.

[51] Davison J. Genetic exchange between bacteria in the environment. [J]. Plasmid, 1999, 42(2): 73-91.

[52] Andrew B, Chris B, Cook P L M, et al. Bacterial community shifts in organically perturbed sediments[J]. Environmental Microbiology, 2007, 9(1): 46-60.

[53] Jebaraj C S, Raghukumar C, Behnke A, et al. Fungal diversity in oxygen-depleted regions of

the Arabian Sea revealed by targeted environmental sequencing combined with cultivation[J]. FEMS Microbiology Ecology, 2010, 71(3): 399-412.

[54] Agosta S J, Klemens J A. Ecological fitting by phenotypically flexible genotypes: implications for species associations, community assembly and evolution[J]. Ecology Letters, 2010, 11(11): 1123-1134.

[55] Selbmann L, Egidi E, Isola D, et al. Biodiversity, evolution and adaptation of fungi in extreme environments[J]. Plant Biosystems, 2013, 147(1): 237-246.

[56] 姚远，李定心. 真菌吸附重金属废水的研究进展[J]. 广东化工，2015(3): 99-100.

[57] Kumari D, Pan X L, Achal V, et al. Multiple metal-resistant bacteria and fungi from acidic copper mine tailings of Xinjiang, China[J]. Environmental Earth Sciences, 2015, 74(4): 3113-3121.

[58] Ferreira V, Gonçalves A L, Pratas J, et al. Contamination by uranium mine drainages affects fungal growth and interactions between fungal species and strains[J]. Mycologia, 2010, 102(5): 1004-1011.

[59] 马燕，余晓斌. 丝状真菌生物富集重金属废水的研究进展[J]. 生物技术通报，2017(10): 59-63.

[60] 龙云川，万合锋，周少奇. 微生物对重金属废水的修复研究[J]. 贵州科学，2017, 35(2): 1-6.

[61] Rousk J, Bååth E, Brookes P C, et al. Soil bacterial and fungal communities across a pH gradient in an arable soil[J]. The ISME Journal, 2010, 4(10): 1340-1351.

[62] Baker B J, Lutz M A, Dawson S C, et al. Metabolically active eukaryotic communities in extremely acidic mine drainage[J]. Applied and Environmental Microbiology, 2004, 70(10): 6264-6271.

[63] Baker B J, Tyson G W, Goosherst L, et al. Insights into the diversity of eukaryotes in acid mine drainage biofilm communities[J]. Applied and Environmental Microbiology, 2009, 75(7): 2192-2199.

[64] 邓仁健，金昌盛，侯保林，等. 微生物处理含锑重金属废水的研究进展[J]. 环境污染与防治，2018(4): 465-472.

[65] Gostincar C, Grube M, De H S, et al. Extremotolerance in fungi: evolution on the edge[J].

FEMS Microbiology Ecology, 2010, 71(1): 2-11.

[66] Peralta A L, Matthews J W, Kent A D. Microbial community structure and denitrification in a wetland mitigation bank. [J]. Applied and Environmental Microbiology, 2010, 76(13): 4207-4215.

[67] Harris J. Soil microbial communities and restoration ecology: facilitators or followers?[J]. Science, 2009, 325(5940): 573-574.

[68] He Z, Zhang P, Wu L, et al. Microbial functional gene diversity predicts groundwater contamination and ecosystem Functioning[J]. mBio, 2018, 9(1): 1-15.

[69] Li P, Jiang Z, Wang Y, et al. Analysis of the functional gene structure and metabolic potential of microbial community in high arsenic groundwater[J]. Water Research, 2017, 123: 268-276.

[70] Johnston E L, Mayer Pinto M, Crowe T P. Chemical contaminant effects on marine ecosystem functioning[J]. Journal of Applied Ecology, 2015, 52(1): 140-149.

[71] Xiao Y, Liu X, Liang Y, et al. Insights into functional genes and taxonomical/phylogenetic diversity of microbial communities in biological heap leaching system and their correlation with functions[J]. Applied Microbiology and Biotechnology, 2016, 100(22): 9745-9756.

[72] Kuypers M, Marchant H K, Kartal B. The microbial nitrogen-cycling network[J]. Nature Reviews Microbiology, 2018, 16(5): 263-276.

[73] Zhang Y, Ji G D, Wang R J. Functional gene groups controlling nitrogen transformation rates in a groundwater-restoring denitrification biofilter under hydraulic retention time constraints[J]. Ecological Engineering, 2016, 87: 45-52.

[74] Veraart A J, Dimitrov M R, Schrier-Uijl A P, et al. Abundance, activity and community structure of denitrifiers in drainage ditches in relation to sediment characteristics, vegetation and land-use[J]. Ecosystems, 2016, 20(5): 1-16.

[75] Lu H, Chandran K, Stensel D. Microbial ecology of denitrification in biological wastewater treatment[J]. Water Research, 2014, 64: 237-254.

[76] Saarenheimo J, Tiirola M A, Rissanen A J. Functional gene pyrosequencing reveals core proteobacterial denitrifiers in boreal lakes[J]. Frontiers in Microbiology, 2015, 6: 674-686.

[77] Wakelin S A, Nelson P N, Armour J D, et al. Bacterial community structure and denitrifier (*nir*-gene) abundance in soil water and groundwater beneath agricultural land in tropical North

Queensland, Australia[J]. Soil Research, 2011, 49(1): 65.

[78] Graf D R, Jones C M, Hallin S. Intergenomic comparisons highlight modularity of the denitrification pathway and underpin the importance of community structure for N_2O emissions[J]. Plos One, 2014, 9(12): 1-20.

[79] Lee J A, Francis C A. Spatiotemporal characterization of San Francisco Bay denitrifying communities: a comparison of *nirK* and *nirS* diversity and abundance[J]. Microbial Ecology, 2017, 73(2): 271-284.

[80] Matsumoto Y, Tosha T, Pisliakov A V, et al. Crystal structure of quinol-dependent nitric oxide reductase from *Geobacillus stearothermophilus*[J]. Nature Structural and Molecular Biology, 2012, 19(2): 238.

[81] Zumft W G. Cell biology and molecular basis of denitrification[J]. Microbiology and Molecular Biology Reviews, 1997, 61(4): 533-616.

[82] Lu H J, Chandran K, Stensel D. Microbial ecology of denitrification in biological wastewater treatment[J]. Water Research, 2014, 64: 237-254.

[83] Cabello P, Roldán M D, Morenovivián C. Nitrate reduction and the nitrogen cycle in archaea[J]. Microbiology, 2004, 150(11): 3527-3546.

[84] Pinå-Ochoa E, Høgslund S, Geslin E, et al. Widespread occurrence of nitrate storage and denitrification among Foraminifera and Gromiida[J]. Proceedings of the National Academy of Sciences of the United States of America, 2010, 107(3): 1148-1153.

[85] Zumft W G, Kroneck P M. Respiratory transformation of nitrous oxide (N_2O) to dinitrogen by bacteria and archaea[J]. Advances in Microbial Physiology, 2006, 52: 107-227.

[86] Strickland M S, Lauber C, Fierer N, et al. Testing the functional significance of microbial community composition[J]. Ecology, 2009, 90(2): 441-451.

[87] Hall E K, Bernhardt E S, Bier R L, et al. Understanding how microbiomes influence the systems they inhabit[J]. Nature Microbiology, 2018, 3(9): 977-982.

[88] Lear G, Niyog D, Harding J, Dong Y, Lewis G. Biofilm bacterial community structure in streams affected by Acid Mine Drainage[J]. Applied and Environmental Microbiology, 2009, 75(11) 3455-3460.

[89] Griffiths R I, Thomson B C, James P, et al. The bacterial biogeography of British soils[J].

Environmental Microbiology, 2011, 13(6): 1642-1654.

[90] Feris K, Ramsey P, Frazar C, et al. Differences in hyporheic-zone microbial community structure along a heavy-metal contamination gradient[J]. Applied and Environmental Microbiology, 2003, 69(9): 5563-5573.

[91] Giller K E, Witter E, Mcgrath S P. Heavy metals and soil microbes[J]. Soil Biology and Biochemistry, 2009, 41(10): 2031-2037.

[92] Lami R, Jones L C, Cottrell M T, et al. Arsenite modifies structure of soil microbial communities and arsenite oxidization potential[J]. FEMS Microbiology Ecology, 2013, 84(2): 270-279.

[93] Lozupone C A, Hamady M, Kelley S T, et al. Quantitative and qualitative beta diversity measures lead to different insights into factors that structure microbial communities[J]. Applied and Environmental Microbiology, 2007, 73(5): 1576-1585.

[94] Bates S T, Berg-Lyons D, Caporaso J G, et al. Examining the global distribution of dominant archaeal populations in soil[J]. International Society for Microbial Ecology, 2011, 5(5): 908-917.

[95] Logares R, Lindström E S, Langenheder S, et al. Biogeography of bacterial communities exposed to progressive long-term environmental change[J]. The ISME Journal, 2013, 7(5): 937-948.

[96] Feris K P, Ramsey P W, Gibbons S M, et al. Hyporheic microbial community development is a sensitive indicator of metal contamination[J]. Environmental Science and Technology, 2009, 43(16): 6158-6163.

[97] Paerl H W, Dyble J, Moisander P H, et al. Microbial indicators of aquatic ecosystem change: current applications to eutrophication studies[J]. FEMS Microbiology Ecology, 2003, 46(3): 233-246.

[98] Sims A, Zhang Y Y, Galaraj S, et al. Toward the development of microbial indicators for wetland assessment[J]. Water Research, 2013, 47(5): 1711-1725.

[99] He Z G, Xiao S M, Xie X H, et al. Molecular diversity of microbial community in acid mine drainages of Yunfu sulfide mine[J]. Extremophiles, 2007, 11(2): 305-314.

[100] Burns A S, Pugh C W, Segid Y T, et al. Performance and microbial community dynamics of a

sulfate-reducing bioreactor treating coal generated acid mine drainage[J]. Biodegradation, 2012, 23(3): 415-429.

[101] Sun W M, Xiao E Z, Krumins V, et al. Characterization of the microbial community composition and the distribution of Fe-metabolizing bacteria in a creek contaminated by acid mine drainage[J]. Applied Microbiology and Biotechnology, 2016, 100(19): 1-13.

[102] Bier R L, Bernhardt E S, Boot C M, et al. Linking microbial community structure and microbial processes: an empirical and conceptual overview[J]. FEMS Microbiology Ecology, 2015, 91(10): 1-12.

[103] Wu W, Logares R, Huang B, et al. Abundant and rare picoeukaryotic sub-communities present contrasting patterns in the epipelagic waters of marginal seas in the northwestern Pacific Ocean[J]. Environmental Microbiology, 2017, 19(1): 287-300.

[104] Pedrós-Alió C. The rare bacterial biosphere[J]. Annual Review of Marine Science, 2012, 4(1): 449-466.

[105] Niculina M, Hannah H, B Rbel W, et al. A single-cell view on the ecophysiology of anaerobic phototrophic bacteria[J]. Proceedings of the National Academy of Sciences of the United States of America, 2008, 105(46): 17861-17866.

[106] Mouillot D, Bellwood D, Baraloto C, et al. Rare species support vulnerable functions in high-diversity ecosystems[J]. Plos Biology, 2013, 11(5): 1-11.

[107] 郭建萍. 浅析铜矿峪矿十八河尾矿库的安全隐患、防范措施及安全管理[J]. 世界有色金属, 2016(13): 64-66.

[108] Levins R. Evolution in changing environments: some theoretical explorations[M]. Princeton: Princeton University, 1968: 55-64.

[109] Tucker C M, Shoemaker L G, Davies K F, et al. Differentiating between niche and neutral assembly in metacommunities using null models of β-diversity[J]. Oikos, 2016, 125(6): 778-789.

[110] Chase J M, Kraft N J B, Smith K G, Using null models to disentangle variation in community dissimilarity from variation in α-diversity[J]. Ecosphere, 2011, 2(2): 1-11.

[111] Liao J, Cao X, Wang J, et al. Similar community assembly mechanisms underlie similar biogeography of rare and abundant bacteria in lakes on Yungui Plateau, China[J]. Limnology

and Oceanography, 2017, 62(2): 723-735.

[112] Logares R, Tesson S V M, Canbäck B, et al. Habitat diversification promotes environmental selection in planktonic prokaryotes and ecological drift in microbial eukaryotes[J]. BioRxiv, 2017, 7: 161-191.

[113] Mello B L, Alessi A M, Mcqueen-Mason S, et al. Nutrient availability shapes the microbial community structure in sugarcane bagasse compost-derived consortia[J]. Scientific Reports, 2016, 6(1): 781-793.

[114] Jiao S, Luo Y, Lu M, et al. Distinct succession patterns of abundant and rare bacteria in temporal microcosms with pollutants[J]. Environmental Pollution, 2017, 225: 497-505.

[115] Jiao S, Chen W M, Wang E T, et al. Microbial succession in response to pollutants in batch-enrichment culture[J]. Scientific Reports, 2016, 6(1): 1-11.

[116] Kuang J, Huang L, Chen L, et al. Contemporary environmental variation determines microbial diversity patterns in acid mine drainage[J]. The ISME Journal, 2013, 7(5): 1038-1050.

[117] Sandaa R A, Torsvik V, Enger, O. Influence of long-term heavy-metal contamination on microbial communities in soil[J]. Soil Biology and Biochemistry, 2001, 33(3): 287-295.

[118] Zhu J, Zhang J, Li Q, et al. Phylogenetic analysis of bacterial community composition in sediment contaminated with multiple heavy metals from the Xiangjiang River in China[J]. Marine Pollution Bulletin, 2013, 70(1-2): 134-139.

[119] 李毳，景炬辉，刘晋仙，等. 铜尾矿库坝面土壤微生物群落动态的驱动因子[J]. 环境科学，2018(4): 1-12.

[120] Huang L, Zhou W, Hallberg K B, et al. Spatial and temporal analysis of the microbial community in the tailings of a Pb-Zn mine generating acidic drainage[J]. Applied and Environmental Microbiology, 2011, 77(15): 5540-5544.

[121] Zhou J X, Yang H S, Tang F K, et al. Relative roles of competition, environmental selection and spatial processes in structuring soil bacterial communities in the Qinghai-Tibetan Plateau[J]. Applied Soil Ecology, 2017, 117-118: 223-232.

[122] Fan M, Lin Y, Huo H, et al. Microbial communities in riparian soils of a settling pond for mine drainage treatment[J]. Water Research, 2016, 96: 198-207.

[123] Xu M Y, Wu W M, Wu L Y, et al. Responses of microbial community functional structures to

pilot-scale uranium *in situ* bioremediation[J]. The ISME Journal, 2010, 4(8): 1060-1070.

[124] Berlemont R, Allison S D, Weihe C, et al. Cellulolytic potential under environmental changes in microbial communities from grassland litter[J]. Frontiers in Microbiology, 2014, 5: 1-10.

[125] Trivedi P, Anderson I C, Singh B K. Microbial modulators of soil carbon storage: integrating genomic and metabolic knowledge for global prediction[J]. Trends Microbiol, 2013, 21(12): 641-651.

[126] Allison S D, Lu Y, Weihe C, et al. Microbial abundance and composition influence litter decomposition response to environmental change[J]. Ecology, 2013, 94(3): 714-725.

[127] Gülay A, Musovic S, Albrechtsen H, et al. Ecological patterns, diversity and core taxa of microbial communities in groundwater-fed rapid gravity filters[J]. The ISME Journal, 2016, 10(9): 1-14.

[128] Guo G X, Kong W D, Liu J B, et al. Diversity and distribution of autotrophic microbial community along environmental gradients in grassland soils on the Tibetan Plateau[J]. Applied Microbiology and Biotechnology, 2015, 99(20): 8765-8776.

[129] Dini-Andreote F, de Cássia Pereira E Silva M, Triado-Margarit X, et al. Dynamics of bacterial community succession in a salt marsh chronosequence: evidences for temporal niche partitioning[J]. The ISME Journal, 2014, 8(10): 1989-2001.

[130] Zhou J Z, Deng Y, Shen L, et al. Temperature mediates continental-scale diversity of microbes in forest soils[J]. Nature Communications, 2016, 7(1): 1-10.

[131] Carlisle D M, Clements W H. Leaf litter breakdown, microbial respiration and shredder production in metal-polluted streams[J]. Freshwater Biology, 2005, 50(2): 380-390.

[132] Gonzalez-Martinez A, Rodriguez-Sanchez A, Rodelas B, et al. 454-pyrosequencing analysis of bacterial communities from autotrophic nitrogen removal bioreactors utilizing universal primers: effect of annealing temperature[J]. Biomed Research International , 2015, 2015(2-3): 1-12.

[133] Xing W, Li J L, Li P, et al. Effects of residual organics in municipal wastewater on hydrogenotrophic denitrifying microbial communities[J]. Journal of Environmental Sciences, 2017, 65(3): 262-270.

[134] Harter J, Krause H M, Schuettler S, et al. Linking N_2O emissions from biochar-amended soil

to the structure and function of the N-cycling microbial community[J]. The ISME Journal, 2014, 8(3): 660-674.

[135] Pan H, Li Y, Guan X M, et al. Management practices have a major impact on nitrifier and denitrifier communities in a semiarid grassland ecosystem[J]. Journal of Soils and Sediments, 2016, 16(3): 896-908.

[136] Ai C, Liang G Q, Wang X B, et al. A distinctive root-inhabiting denitrifying community with high $N_2O/(N_2O+N_2)$ product ratio[J]. Soil Biology and Biochemistry, 2017, 109: 118-123.

[137] Ishii S, Ohno H, Tsuboi M, et al. Identification and isolation of active N_2O reducers in rice paddy soil[J]. The ISME Journal, 2011, 5(12): 1936-1945.

[138] Baeseman J L, Smith R L, Silverstein J. Denitrification potential in stream sediments impacted by acid mine drainage: effects of pH, various electron donors, and iron[J]. Microbial Ecology, 2006, 51(2): 232-241.

[139] Magoč T, Salzberg S L. FLASH: fast length adjustment of short reads to improve genome assemblies[J]. Bioinformatics, 2011, 27(21): 2957-2963.

[140] Desantis T Z, Hugenholtz P, Larsen N, et al. Greengenes, a chimera-checked 16S rRNA gene database and workbench compatible with ARB[J]. Applied and Environmental Microbiology, 2006, 72(7): 5069-5072.

[141] Edgar R C. Search and clustering orders of magnitude faster than BLAST[J]. Bioinformatics, 2010, 26(19): 2460-2461.

[142] Huson D H, Mitra S, Ruscheweyh H J, et al. Integrative analysis of environmental sequences using MEGAN4[J]. Genome Research, 2011, 21(9): 1552-1560.

[143] Asnicar F, Weingart G, Tickle T L, et al. Compact graphical representation of phylogenetic data and metadata with GraPhlAn[J]. Peer Journal, 2015, 3(11): 1029-1046.

[144] Mykrä H, Tolkkinen M, Heino J. Environmental degradation results in contrasting changes in the assembly processes of stream bacterial and fungal communities[J]. Oikos, 2017, 126(9): 1291-1298.

[145] Nie Y, Zhao J Y, Tang Y Q, et al. Species divergence vs. functional convergence characterizes crude oil microbial community assembly[J]. Frontiers in Microbiology, 2016, 7: 1254-1265.

[146] Crump B C, Amaral-Zettler L A, Kling G W. Microbial diversity in arctic freshwaters is

structured by inoculation of microbes from soils[J]. The ISME Journal, 2012, 6(9): 1629-1639.

[147] Niyogi D K, Koren M, Arbuckle C J, et al. Stream communities along a catchment land-use gradient: subsidy-stress responses to pastoral development[J]. Environmental Management, 2007, 39(2): 213-225.

[148] Li Q, Hu Q, Zhang C, et al. The effect of toxicity of heavy metals contained in tailing sands on the organic carbon metabolic activity of soil microorganisms from different land use types in the karst region[J]. Environmental Earth Sciences, 2015, 74(9): 6747-6756.

[149] Yadav S, Prajapati R, Atri N. Effects of UV-B and heavy metals on nitrogen and phosphorus metabolism in three cyanobacteria[J]. Journal of Basic Microbiology, 2016, 56(1): 2-13.

[150] Lee J E, Buckley H L, Etienne R S, et al. Both species sorting and neutral processes drive assembly of bacterial communities in aquatic microcosms[J]. FEMS Microbiology Ecology, 2013, 86(2): 288-302.

[151] Roguet A, Laigle G S, Therial C, et al. Neutral community model explains the bacterial community assembly in freshwater lakes[J]. FEMS Microbiology Ecology, 2015, 91(11): 1-11.

[152] Chan Y, Van Nostrand J D, Zhou J Z, et al. Functional ecology of an Antarctic Dry Valley[J]. Proceedings of the National Academy of Sciences of the United States of America, 2013, 110(22): 8990-8995.

[153] Hou J Q, Li M X, Mao X H, et al. Response of microbial community of organic-matter-impoverished arable soil to long-term application of soil conditioner derived from dynamic rapid fermentation of food waste[J]. Plos One, 2017, 12(4): 1-15.

[154] Flemming, Hans-Curt, Wingender J. The biofilm matrix[J]. Nature Reviews Microbiology, 2010, 8(9): 623-633.

[155] Freitas S, Hatosy S, Fuhrman J A, et al. Global distribution and diversity of marine *Verrucomicrobia*[J]. The ISME Journal, 2012, 6(8): 1499-1505.

[156] Hou S B, Makarova K S, Saw J H, et al. Complete genome sequence of the extremely acidophilic methanotroph isolate V4, *Methylacidiphilum infernorum*, a representative of the bacterial phylum Verrucomicrobia[J]. Biology Direct, 2008, 3(1): 1-25.

[157] Shen C C, Ge Y, Yang T, et al. Verrucomicrobial elevational distribution was strongly influenced by soil pH and carbon/nitrogen ratio[J]. Journal of Soils and Sediments, 2017,

17(10): 2449-2456.

[158] Schneider A R, Gommeaux M, Duclercq J, et al. Response of bacterial communities to Pb smelter pollution in contrasting soils[J]. Science of the Total Environment, 2017, 605-606: 436-444.

[159] Castelle C J, Brown C T, Thomas B C, et al. Unusual respiratory capacity and nitrogen metabolism in a Parcubacterium (OD1) of the Candidate Phyla Radiation[J]. Scientific Reports, 2017, 7(1): 40101-40113.

[160] Wrighton K C, Thomas B C, Sharon I, et al. Fermentation, hydrogen, and sulfur metabolism in multiple uncultivated bacterial phyla[J]. Science, 2012, 337(80): 1661-1665.

[161] Glaring M A, Vester J K, Lylloff J E, et al. Microbial diversity in a permanently cold and alkaline environment in greenland[J]. Plos One, 2015, 10(4): 1-22.

[162] Muturi E J, Donthu R K, Fields C J, et al. Effect of pesticides on microbial communities in container aquatic habitats[J]. Scientific Reports, 2017, 7(1): 44565-44575.

[163] Park H I, Choi Y, Pak D. Autohydrogenotrophic denitrifying microbial community in a glass beads biofilm reactor[J]. Biotechnology Letters, 2005, 27(13): 949-953.

[164] Jurado V, Laiz L, Gonzalez J M, et al. *Phyllobacterium catacumbae* sp. nov. , a member of the order Rhizobiales isolated from Roman catacombs[J]. International Journal of Systematic and Evolutionary Microbiology, 2005, 55(4): 1487-1490.

[165] Liu M, Lu F, Zhong L, et al. Metaproteogenomic analysis of a community of sponge symbionts[J]. The ISME Journal, 2012, 6(8): 1515-1525.

[166] Salis R K, Bruder A, Piggott J J, et al. High-throughput amplicon sequencing and stream benthic bacteria: identifying the best taxonomic level for multiple- stressor research[J]. Scientific Reports, 2017, 7(1): 44657-44669.

[167] Taylor J D, Cottingham S D, Billinge J, et al. Seasonal microbial community dynamics correlate with phytoplankton-derived polysaccharides in surface coastal waters[J]. The ISME Journal, 2014, 8(1): 245-248.

[168] Xing P, Hahnke R L, Unfried F, et al. Niches of two polysaccharide-degrading *Polaribacter* isolates from the North Sea during a spring diatom bloom[J]. The ISME Journal, 2015, 9(6): 1410-1422.

[169] Burstein D, Amaro F, Zusman T, et al. Genomic analysis of 38 *Legionella* species identifies large and diverse effector repertoires[J]. Nature Genetics, 2016, 48(2): 167-175.

[170] Lesnik R, Brettar I, Höfle M G. *Legionella* species diversity and dynamics from surface reservoir to tap water: from cold adaptation to thermophily[J]. The ISME Journal, 2016, 10(5): 1064-1080.

[171] Wullings B A, Bakker G, van der Kooij D. Concentration and diversity of uncultured *Legionella* spp. in two unchlorinated drinking water supplies with different concentrations of natural organic matter[J]. Applied and Environmental Microbiology , 2011, 77(2): 634-641.

[172] Smith C J, Dong L F, Wilson J, et al. Seasonal variation in denitrification and dissimilatory nitrate reduction to ammonia process rates and corresponding key functional genes along an estuarine nitrate gradient[J]. Frontiers in Microbiology, 2015, 6: 1-11.

[173] Siles J A, Margesin R. Abundance and diversity of bacterial, archaeal, and fungal communities along an altitudinal gradient in alpine forest soils: what are the driving factors?[J]. Microbial Ecology, 2016, 72(1): 207-220.

[174] Dell'Anno A, Mei M L, Ianni C, et al. Impact of bioavailable heavy metals on bacterial activities in coastal marine sediments[J]. World Journal of Microbiology and Biotechnology, 2003, 19(1): 93-100.

[175] Coyotzi S, Doxey A C, Clark I D, et al. Agricultural soil denitrifiers possess extensive nitrite reductase gene diversity[J]. Environmental Microbiology, 2017, 19(3): 1189-1208.

[176] Franklin R B, Morrissey E M, Morina J C. Changes in abundance and community structure of nitrate-reducing bacteria along a salinity gradient in tidal wetlands[J]. Pedobiologia, 2017, 60: 21-26.

[177] Abdelhaleem D, Zaki S, Abulhamd A, et al. *Acinetobacter* bioreporter assessing heavy metals toxicity[J]. Journal of Basic Microbiology, 2006, 46(5): 339-347.

[178] Glassman S I, Wang I J, Bruns T D. Environmental filtering by pH and soil nutrients drives community assembly in fungi at fine spatial scales[J]. Molecular Ecology, 2017, 26(24): 6960-6973.

[179] Sergei P L, Mohammad B, Takashi Y, et al. Biogeography of ectomycorrhizal fungi associated with alders (*Alnus* spp.) in relation to biotic and abiotic variables at the global

scale[J]. New Phytologist, 2013, 198(4): 1239-1249.

[180] 闫华，欧阳明，张旭辉，等. 不同程度重金属污染对稻田土壤真菌群落结构的影响[J]. 土壤，2018(3): 513-521.

[181] Walker T W N, Kaiser C, Strasser F, et al. Microbial temperature sensitivity and biomass change explain soil carbon loss with warming[J]. Nature Climate Change, 2018, 8(10): 885-889.

[182] Sogin M L, Morrison H G, Huber J A, et al. Microbial diversity in the deep sea and the underexplored "rare biosphere" [J]. Proceedings of the National Academy of Sciences of the United States of America, 2006, 103(32): 12115-12120.

[183] Gostincar C, Grube M, de Hoog S, et al. Extremotolerance in fungi: evolution on the edge[J]. FEMS Microbiology Ecology, 2010, 71(1): 2-11.

[184] Hogsden K L, Harding J S. Consequences of acid mine drainage for the structure and function of benthic stream communities: a review[J]. Freshwater Science, 2012, 31(1): 108-120.

[185] Hirose D, Hobara S, Matsuoka S, et al. Diversity and community assembly of moss-associated fungi in ice-free coastal outcrops of continental Antarctica[J]. Fungal Ecology, 2016, 24: 94-101.

[186] Arenz B E, Held B W, Jurgens J A, et al. Fungal colonization of exotic substrates in Antarctica[J]. Fungal Diversity, 2011, 49(1): 13-22.

[187] Prober S M, Leff J W, Bates S T, et al. Plant diversity predicts beta but not alpha diversity of soil microbes across grasslands worldwide[J]. Ecology Letters, 2015, 18(1): 85-95.

[188] Tedersoo L, Bahram M, Polme S, et al. Global diversity and geography of soil fungi[J]. Science, 2014, 346(6213): 1-10.

[189] Kluber L A, Carrino-Kyker S R, Coyle K P, et al. Mycorrhizal response to experimental pH and P manipulation in acidic hardwood forests[J]. Plos One, 2012, 7(11): 1-15.

[190] Tucker C M, Fukami T. Environmental variability counteracts priority effects to facilitate species coexistence: evidence from nectar microbes[J]. Proceedings Biological Sciences, 2014, 281(1778): 1-9.

[191] Fitter A H, Garbaye J. Interactions between mycorrhizal fungi and other soil organisms[J]. Plant and Soil, 1994, 159(1): 123-132.

[192] Logares R, Audic S, Bass D, et al. Patterns of rare and abundant marine microbial

eukaryotes. [J]. Current Biology, 2014, 24(8): 813-821.

[193] Lilleskov E A, Hobbie E A, Horton T R. Conservation of ectomycorrhizal fungi: exploring the linkages between functional and taxonomic responses to anthropogenic N deposition[J]. Fungal Ecology, 2011, 4(2): 174-183.

[194] Niyogi D K, Cheatham C A, Thomson W H, et al. Litter breakdown and fungal diversity in a stream affected by mine drainage. [J]. Fundamental and Applied Limnology, 2009, 175(1): 39-48.

[195] Jobard M, Rasconi S, Solinhac L, et al. Molecular and morphological diversity of fungi and the associated functions in three European nearby lakes[J]. Environmental Microbiology, 2012, 14(9): 2480-2494.

[196] Clemmensen K E, Bahr A, Ovaskainen O, et al. Roots and associated fungi drive long-term carbon sequestration in boreal forest[J]. Science, 2013, 339(6127): 1615-1618.

[197] Su R. Fungal contribution to carbon and nutrient cycling in a subtropical freshwater marsh[D]. Hattiesburg: University of Southern Mississippi, 2014.

[198] Jaeckel P, Krauss G J, Krauss G. Cadmium and zinc response of the fungi *Heliscus lugdunensis* and *Verticillium* cf. *alboatrum* isolated from highly polluted water[J]. Science of the Total Environment, 2005, 346(1): 274-279.

[199] 张春桂，许华夏．高浓度Cd、Pb污染水域中的微生物生态[J]. 应用生态学报，1993, 4(4): 423-429.

[200] 许炼烽，郝兴仁，刘腾辉，等．重金属Cd和Pb对土壤生物活性影响的初步研究[J]. 生态环境学报，1995(4): 216-220.

[201] Iram S, Ahmad I, Barira J, et al. Fungal tolerance to heavy metals[J]. Pakistan Journal of Botany, 2009, 41(5): 2583-2594.

[202] Osono T, Ueno T, Uchida M, et al. Abundance and diversity of fungi in relation to chemical changes in arctic moss profiles[J]. Polar Science, 2012, 6(1): 121-131.

[203] Nagano Y, Nagahama T. Fungal diversity in deep-sea extreme environments[J]. Fungal Ecology, 2012, 5(4): 463-471.

[204] Nagano Y, Nagahama T, Hatada Y, et al. Fungal diversity in deep-sea sediments: the presence of novel fungal groups[J]. Fungal Ecology, 2010, 3(4): 316-325.

[205] Li H, Li D, He C, et al. Diversity and heavy metal tolerance of endophytic fungi from six dominant plant species in a Pb-Zn mine wasteland in China[J]. Fungal Ecology, 2012, 5(3): 309-315.

[206] Dreesens L, Lee C, Cary S. The distribution and identity of edaphic fungi in the McMurdo Dry Valleys[J]. Biology, 2014, 3(3): 466-483.

[207] Newsham K K. Fungi in extreme environments[J]. Fungal Ecology, 2012, 5(4): 379-380.

[208] Errasquin E L, Vazquez C. Tolerance and uptake of heavy metals by *Trichoderma atroviride* isolated from sludge[J]. Chemosphere, 2003, 50(1):137-143.

[209] Rojas C, Gutierrez R M, Bruns M A. Bacterial and eukaryal diversity in soils forming from acid mine drainage precipitates under reclaimed vegetation and biological crusts[J]. Applied Soil Ecology, 2016, 105: 57-66.

[210] 王薪宇. 砷对土壤微生物数量及土壤生物活性的影响研究[D]. 阜新: 辽宁工程技术大学, 2013.

[211] 魏娜, 徐琼, 张宁, 等. 掷孢酵母及其应用研究进展[J]. 微生物学通报, 2014, 41(6): 1211-1218.

[212] 徐炜. 太平洋深海沉积物与南大西洋深海热液区样品的真菌群落结构和丰度研究[D]. 厦门: 厦门大学, 2014.

[213] Arfi Y, Marchand C, Wartel M, et al. Fungal diversity in anoxic-sulfidic sediments in a mangrove soil[J]. Fungal Ecology, 2012, 5(2): 282-285.

[214] 李杨, 刘梅, 孙庆业. 不同植物群落下铜尾矿废弃地生物结皮中真菌群落结构的比较[J]. 生态学报, 2016(18): 5884-5892.

[215] 蒋艳梅. 重金属Cu、Zn、Cd、Pb复合污染对稻田土壤微生物群落结构与功能的影响[D]. 杭州: 浙江大学, 2007.

[216] 李艳红, 姜勇, 王文杰, 等. 有机碳和无机碳对3种真菌胞外酸性磷酸酶和蛋白酶活性的影响[J]. 植物研究, 2013, 33(4): 404-409.

[217] Manis E, Royer T V, Johnson L T, et al. Denitrification in agriculturally impacted streams: seasonal changes in structure and function of the bacterial community[J]. Plos One, 2014, 9(8): 1-13.

[218] de Almeida Fernandes L, Pereira A D, Leal C D, et al. Effect of temperature on microbial

diversity and nitrogen removal performance of an anammox reactor treating anaerobically pretreated municipal wastewater[J]. Bioresource Technology, 2018, 258: 208-219.

[219] Kiskira K, Papirio S, Fourdrin C, et al. Effect of Cu, Ni and Zn on Fe(II)-driven autotrophic denitrification[J]. Journal of Environmental Management, 2018, 218: 209-219.

[220] Gang Z, Ylinen A, Di Capua F, et al. Impact of heavy metals on denitrification of simulated mining wastewaters[J]. Advanced Materials Research, 2013, 825: 500-503.

[221] Rissanen A J, Tiirola M, Ojala A. Spatial and temporal variation in denitrification and in the denitrifier community in a boreal lake[J]. Aquatic Microbial Ecology, 2011, 64(1): 27-40.

[222] Herbert R B, Winbjörk H, Hellman M, et al. Nitrogen removal and spatial distribution of denitrifier and anammox communities in a bioreactor for mine drainage treatment[J]. Water Research, 2014, 66: 350-360.

[223] Yoshida M, Ishii S, Otsuka S, et al. *nirK*-harboring denitrifiers are more responsive to denitrification-inducing conditions in rice paddy soil than *nirS*-harboring bacteria[J]. Microbes and Environments, 2010, 25(1): 45-48.

[224] Yoshida M, Ishii S, Otsuka S, et al. Temporal shifts in diversity and quantity of *nirS* and *nirK* in a rice paddy field soil[J]. Soil Biology and Biochemistry, 2009, 41(10): 2044-2051.

[225] Chon K, Chang J, Lee E, et al. Abundance of denitrifying genes coding for nitrate (*narG*), nitrite (*nirS*), and nitrous oxide (*nosZ*) reductases in estuarine versus wastewater effluent-fed constructed wetlands[J]. Ecological Engineering, 2011, 37(1): 64-69.

[226] Hou J, Cao X, Song C, et al. Predominance of ammonia-oxidizing archaea and *nirK* -gene-bearing denitrifiers among ammonia-oxidizing and denitrifying populations in sediments of a large urban eutrophic lake (Lake Donghu)[J]. Canadian Journal of Microbiology, 2013, 59(7): 456-464.

[227] Black A, Hsu P L, Hamonts K E, Influence of copper on expression of *nirS*, *norB* and *nosZ* and the transcription and activity of NIR, NOR and N_2OR in the denitrifying soil bacteria *Pseudomonas stutzeri*[J]. Microbial Biotechnology, 2016, 9(3): 381-388.

[228] Ruyters S, Mertens J, T Seyen I, et al. Dynamics of the nitrous oxide reducing community during adaptation to Zn stress in soil[J]. Soil Biology and Biochemistry, 2010, 42(9): 1581-1587.

[229] Jones C M, Hallin S. Ecological and evolutionary factors underlying global and local assembly of denitrifier communities[J]. The ISME Journal, 2010, 4(5): 633-641.

[230] Tatariw C, Chapman E L, Sponseller R A, et al. Denitrification in a large river: consideration of geomorphic controls on microbial activity and community structure[J]. Ecology, 2013, 94(10): 2249-2262.

[231] Grady C P L. Biological wastewater treatment[M]. New York: Marcel Dekker, 1980: 53-65.

[232] Rissanen A J, Tiirola M, Hietanen S, et al. Interlake variation and environmental controls of denitrification across different geographical scales[J]. Aquatic Microbial Ecology, 2013, 69(1): 1-16.

[233] Gillan D C, Danis B, Pernet P, et al. Structure of sediment-associated microbial communities along a heavy-metal contamination gradient in the marine environment[J]. Applied and Environmental Microbiology, 2005, 71(2): 679-690.

[234] Logue J B, Findlay S E G, Comte J. Editorial: microbial responses to environmental changes[J]. Frontiers in Microbiology, 2015, 6: 1364-1367.

[235] Miao L, Liu Z. Microbiome analysis and -omics studies of microbial denitrification processes in wastewater treatment: recent advances[J]. Science China Life Sciences, 2018, 61(7): 753-761.

[236] Graham D W, Trippett C, Dodds W K, et al. Correlations between *in situ* denitrification activity and *nir*-gene abundances in pristine and impacted prairie streams[J]. Environmental Pollution, 2010, 158(10): 3225-3229.

[237] Park S Y, Shimizu H, Adachi S, et al. Crystal structure of nitric oxide reductase from denitrifying fungus *Fusarium oxysporum* [J]. Nature Structural Biology, 1997, 4(10): 827-832.

[238] Woehle C, Roy A, Glock N, et al. A novel eukaryotic denitrification pathway in Foraminifera[J]. Current Biology, 2018, 28(16): 2536-2543.

[239] Zhang H, Zhao Z, Kang P, et al. Biological nitrogen removal and metabolic characteristics of a novel aerobic denitrifying fungus Hanseniaspora uvarum strain KPL108[J]. Bioresource Technology, 2018, 267: 569-577.

[240] Braker G, Zhou J, Wu L, et al. Nitrite reductase genes (*nirK* and *nirS*) as functional markers to investigate diversity of denitrifying bacteria in pacific northwest marine sediment

communities[J]. Applied and Environmental Microbiology, 2000, 66(5): 2096-2104.

[241] Navarro C A, von Bernath D, Jerez C A. Heavy metal resistance strategies of acidophilic bacteria and their acquisition: importance for biomining and bioremediation[J]. Biological Research, 2013, 46(4): 363-371.

[242] Sun M Y, Dafforn K A, Brown M V, et al. Bacterial communities are sensitive indicators of contaminant stress[J]. Marine Pollution Bulletin, 2012, 64(5): 1029-1038.

[243] Jones C M, Graf D R, Bru D, et al. The unaccounted yet abundant nitrous oxide-reducing microbial community: a potential nitrous oxide sink[J]. The ISME Journal, 2013, 7(2): 417-426.

[244] Saarenheimo J, Rissanen A J, Arvola L, et al. Genetic and environmental controls on nitrous oxide accumulation in lakes[J]. Plos One, 2015, 10(3): 1-14.

[245] Jones C M, Stres B, Rosenquist M, et al. Phylogenetic analysis of nitrite, nitric oxide, and nitrous oxide respiratory enzymes reveal a complex evolutionary history for denitrification[J]. Molecular Biology and Evolution, 2008, 25(9): 1955-1966.

[246] Yin C, Fan F, Song A, et al. Different denitrification potential of aquic brown soil in Northeast China under inorganic and organic fertilization accompanied by distinct changes of *nirS*- and *nirK*-denitrifying bacterial community[J]. European Journal of Soil Biology, 2014, 65: 47-56.

[247] Zhang L, Zeng G, Zhang J, et al. Response of denitrifying genes coding for nitrite (*nirK* or *nirS*) and nitrous oxide (*nosZ*) reductases to different physico-chemical parameters during agricultural waste composting[J]. Applied Microbiology and Biotechnology, 2015, 99(9): 4059-4070.

[248] Liu X, Tiquia S M, Holguin G, et al. Molecular diversity of denitrifying genes in continental margin sediments within the oxygen-deficient zone off the pacific coast of Mexico[J]. Applied and Environmental Microbiology, 2003, 69(6): 3549-3560.

[249] Wan C, Yang X, Lee D, et al. Aerobic denitrification by novel isolated strain using NO_2^--N as nitrogen source[J]. Bioresource Technology, 2011, 102(15): 7244-7248.

附 录

已发表的论文:

(1) Liu Jinxian, Li Cui, Jing Juhui, Zhao Pengyu, Luo Zhengming, Cao Miaowen, Ma Zhuanzhua, Jia Tong, Chai Baofeng. Ecological patterns and adaptability of bacterial communities in alkaline copper mine drainage[J]. Water Research, 2018, 133: 99-109. (SCI 一区, IF=7.051)

(2) 刘晋仙, 李毳, 景炬辉, 贾彤, 刘兴港, 王小云, 柴宝峰. 中条山十八河铜尾矿库微生物群落组成与环境适应性[J]. 环境科学, 2017, 38(1): 320-328.

(3) 刘晋仙, 李毳, 罗正明, 王雪, 暴家兵, 柴宝峰. 亚高山湖群中真菌群落的分布格局和多样性维持机制[J]. 环境科学, 2019, 40(5): 386-397.

(4) Luo Zhengming, Liu Jinxian, Zhao Pengyu, Jia Tong, Li Cui, Chai Baofeng. Biogeographic patterns and assembly mechanisms of bacterial communities differ between habitat generalists and specialists across elevational gradien[J]. Frontiers in Microbiolog, 2019, 10: 1-14. (SCI 二区, IF=4.019)

(5) 景炬辉, 刘晋仙, 李毳, 贾彤, 王小云, 柴宝峰. 中条山铜尾矿坝面土壤细菌群落的结构特征[J]. 应用与环境生物学报, 2017, 23(3): 527-534.

(6) 李毳, 景炬辉, 刘晋仙, 柴宝峰. 铜尾矿库坝面土壤微生物群落动态的驱动因子[J]. 环境科学, 2018, 39(4): 1804-1812.

(7) 李毳, 马转转, 乔沙沙, 刘晋仙, 柴宝峰. 原位微宇宙法研究温带森林土壤真菌群落构建的驱动机制[J]. 生态环境学报, 2018, 27(5): 811-817.